遗产新知文丛

New Heritage Studies

建筑与文化人类学

人类学

潘曦　著

中国建材工业出版社

图书在版编目（CIP）数据

建筑与文化人类学 / 潘曦著 . -- 北京：中国建材
工业出版社，2020.6（2023.8重印）
（遗产新知文丛）
ISBN 978-7-5160-2991-6

Ⅰ . ①建… Ⅱ . ①潘… Ⅲ . ①建筑学—文化人类学
Ⅳ . ① TU-05

中国版本图书馆 CIP 数据核字（2020）第 124160 号

内容提要

本书是一项建筑学与文化人类学学科交叉领域的研究成果。全书共有十章，第二章至第五章选择了文化人类学若干典型的理论流派，对这些理论流派及其影响下所形成的关于空间、建筑与聚落的研究进行了梳理；第六章至第九章则是从物质空间的角度出发，选择了身体、建筑、城市、遗产等话题，讨论在人类学的视角下有可能对它们进行怎样的解读。

本书面向的读者群较为广泛，可供建筑学、城乡规划、文化遗产、人类学、民族学、社会学等专业背景的读者阅读，也可供相关院校的建筑学、人类学相应课程作为教材或教学参考书使用。同时，书中包含了丰富的案例和图片，内容涉及古今中外，也可供对建筑与城市文化感兴趣的大众阅读。

建筑与文化人类学
Jianzhu yu Wenhua Renleixue
潘曦　著

出版发行：**中国建材工业出版社**
地　　址：北京市海淀区三里河路 11 号
邮政编码：100831
经　　销：全国各地新华书店
印　　刷：北京印刷集团有限责任公司
开　　本：787mm×1092mm　1/16
印　　张：15.25
字　　数：280 千字
版　　次：2020 年 6 月第 1 版
印　　次：2023 年 8 月第 2 次
定　　价：78.00 元

序言
PREFACE

　　文化遗产的保护从 20 世纪 80 年代后期到 21 世纪前 20 年，和整个人类世界一样处在一个快速变化的过程当中。认识这种变化、理解变化的根源，使文化遗产的保护能够促进人类社会的可持续发展，是今天人们必须注意到的问题。

　　遗产保护源于对具有重要价值的历史遗存的保护，这是一种对"物"的保护，保护本身也更多地表现出研究性和专业性。这种保护是一种专业的行为，也在很大程度上排斥了社会的广泛参与。这种状况在 20 世纪 80 年代后半叶开始发生变化。这时开始快速发展的经济全球化引发了人们对文化多样性保护的关注。仅仅依靠专业的方法和技能已难以完成文化多样性的保护，文化多样性的保护需要公民和社区的普遍参与。从这时开始，文化遗产就不再仅仅是对于研究者的具有"历史研究价值"的对象，或是对于旅游者的具有"审美价值"或"异国情调"的游览对象，人们开始关心遗产对于所在社区和民众的意义。对社区和当地民众而言，遗产更多表现出记忆的价值和情感的价值，这些价值把遗产与社区、地方的文化多样性密切地联系起来，文化多样性又使被"物化"了的遗产，重新获得了活力，成为"活态遗产"。在中国，通过乡土遗产的变化——从民居建筑到村落古建筑群，再到传统村落，到哈尼梯田、景迈古茶林这样的对象的保护，就可以看到这一变化过程。从传统的保护方法的角度，对于民居建筑，甚至村落古建筑群都有可能采用赎买的方式，纳入传统的专业保护管理方式，但对传统村落，对像哈尼梯田和景迈古茶林这样的对象，没有当地社区的参与，没有传统生产和民俗体系的延续，没有传统价值观的支撑，对它们的保护是无法实现的。文化多样性的保护不仅仅是依靠对物质遗存的保护，它更需要作为构成这一文化组成部分的社区和公民的参与并发挥核心的作用。从中国的角度看，被列入世界遗产名录的哈尼梯田、鼓浪屿是这样，正在申报世界遗产过程中的景迈古茶林也是如此；从世界的角度看，1992 年文化景观作为一种文化遗产的类型被纳入世界遗产的申报体系，1994 年《奈良真实性文件》强调文化多样性语境下的真实性标准，再到 2012 年在庆祝世界遗产公约 40 周年时，联合国教科文组织把菲律宾的维甘古城评为世界遗产保护的最佳案例，这些都反映了遗产保护的发展趋势。

从世界的角度看，注重把原本被人为分割了的可移动文物与不可移动文物、物质和非物质遗产、文化与自然遗产重新融合为一个整体；把原本被保护的遗产，转变为推动人类可持续发展的积极力量，把遗产所承载的传统文化的智慧，融入到今天人们的社会生活中。活态遗产概念的提出把社区与遗产结合在一起，使原本受到保护的处于被动状态的物质遗产能够与社区的文化传承融为一体，使被动的保护转化为更为积极的传统文化的延续和传承。事实上，对文化多样性而言，人是最重要、最核心的载体，离开人和社区的传承，物质遗存所能保存的仅仅是对文化多样性的记忆。

从中国的角度看，我们同样处在一个遗产融合与跨越过程中，这个过程不仅反映在从文物保护向文化遗产保护的跨越，反映在保护观念的变化，从相对封闭的价值认知体系向更开放的价值认知体系的突破，从单一的专业修缮到与城乡发展相融合，从专业保护力量单打独斗到社会各方面的共同努力，从被动的保护到让文物活起来，发挥更为积极的社会功能和价值。这种发展已完全和世界的发展融为一体，尤其是中国的大量实践不仅为中国的遗产保护创造了更多的可能性，也为世界提供了中国的经验。

对遗产的认知促进了人们对人类文化多样性的认识和理解，促进了文化间的相互尊重，进而促进了对人类命运共同体和需要共同面对未来挑战的理解。对遗产的认知和研究不仅促进了社会对遗产价值的理解，促进了社会参与遗产保护实践，同时也促进了对遗产所承载和表达的传统文化的认知、体验和传承。新的文化创意产业从遗产中提取传统文化的要素，把传统文化与当代生活更为密切地结合在一起，赋予遗产新的生命力，也促进了新的产业发展，是促进社会可持续发展的重要方面。

遗产的保护、传承、促进可持续发展，构成了关于保护理念、技术、科学的新探索，成为社会教育重要途径，影响了新的产业发展，它带来了知识的融合、新的观念和技术。今天的遗产保护充满了"新知"。《遗产新知文丛》从多种角度讨论遗产保护的问题，带给我们关于遗产的新的观念和体验，促进我们理解当代遗产保护与文化传承多样而复杂的发展。希望这套丛书能够使更多的读者去传播遗产保护、传承的思想，参与遗产保护、传承的实践，为当代可持续发展注入更多的传统文化精神和智慧。

吕　舟

2020 年 3 月

前言
FOREWORD

本书是基于笔者在北京交通大学开设的课程"建筑与文化人类学"的教学内容而撰写的。开设这门课程的缘由要追溯到九年之前,当时我向导师秦佑国老师申请,想要以乡土建筑为题开展博士论文的研究。秦先生便指点我,要先看看文化人类学的理论和方法,并且提到了结构功能主义在乡土社会的研究中可以起到的作用,还强调了田野调查的重要性。在博士论文的工作过程中,我对文化人类学产生了浓厚的兴趣,这个学科不仅帮我更好地完成了纳西族地区的乡土建筑调查,而且改变了我由来已久的"理工科直女"性格,思维从线性变得更活跃和发散,三观从单一变得更开放和多元,视野中看到的世界仿佛广阔了许多。2014年完成博士课题到北京交通大学执教以后,我尝试教授"建筑与文化人类学"这门课程,更广泛地思考这两个学科在理论和实践上结合的更多可能性。2019年,师兄罗德胤老师邀约,想要出版一套《遗产新知文丛》,希望能组织一批中青年高校教师基于各自的教学工作撰写一套文化遗产相关领域的丛书,并且希望我能继他本人的著作之后第二个完成书稿。于是,经过一年时间的写作,我得以在此向诸位读者奉上此书。

撰写此书,并非是要搭建一个建筑人类学的理论体系,笔者的学术素养还远远未臻此境,更多地是想讨论强调对象的建筑学与长于方法的文化人类学这两个学科之间相互交叉的一些可能性。20世纪90年代,常青院士开创性地把建筑人类学的研究引入了国内,其团队在基金课题、学术论文、理论译著、学位论文上取得了丰硕的成果。他提出了变化与恒常、空间与制度、功用与习俗、环境与场景以及视感与触感等建筑人类学的探索方向,认为对"原型意象""潜在维度"和"集体记忆"等关键词的关注,形成了建筑人类学与强调"风格—构图"的学院派和强调"功能—形式"的现代派之间的清晰差别。赵辰先生认为,建筑学向人类学的这种跨学科的探索,体现了建筑学突破既有的专业预设、进入更广泛的人文学科领域的时代趋势,是20世纪后半叶起持续开展的"建筑文化观念变革"的一部分,而文化人类学则是这一趋势中必然要涉及的学科领域。经过这一领域前辈们的多年工作，人类学家的建筑与空间研究以及具有人类学色彩的建筑学研究已经更多地为人们所知晓和了解。本书尝试的，就是把建筑学中的不同对象和人类学中的不同理论方法结合起来，形成一系列的"话题"，来展现这一学科交叉领域的部分面貌。全书的上篇主要从理论方法出发，例如，从文化进化论出发，讨论乡土建筑中"化石隐喻"下的研究范式；从功能主义学派出发，梳理其与中国乡村研究的关系，讨论建筑学中"乡土"一词的理论渊源等。下篇则主要从对象出发，考察身体、建筑、城市、遗产等不同的物质空间研究对象与文化人类学以及更广泛的人文学科思想之间的关联，拓展解读这些对象的多元思路。总之，本书并不是一个完备的体系，而是一系列的话题讨论，是持续的、渐进的和开放的。就像本书在第 10 章中所说的那样，希望能够抛砖引玉，引发更多对于建筑学和人类学结合之可能性的思考与讨论。

　　此书能够付梓，要由衷地感谢很多人的指导、帮助与支持。感谢我的博士生导师秦佑国老师，是他在我对学术工作尚且青涩懵懂的时候，指点我结合文化人类学的理论和方法去开展建筑研究，直至今日，他仍然是我为人治学的灯塔；感谢我在英国访学期间的导师彼得·布伦德尔·琼斯（Peter Blundell Jones）教授，他指导我系统地学习人类学的知识，为我打开了建筑人类学的大门，斯人已去，但他身为学者的赤子之心一直让我铭记心间；感谢师兄罗德胤老师组织这套遗产新知文丛，督促我把近年在建筑与文化人类学课程教学中的成果进一步完善成书；感谢我的研究生们，以及所有选修过这门课程的同学，他们的参与和反馈为我不断完善课程内容提供了宝贵的依据；感谢同样关心建筑与文化人类学这个话题的诸多同仁，与他们欢乐的交流给了我很多启发。最后，还要感谢写作期间陪伴我的亲友们，感谢你们在一段艰辛的时光里给了我源源不断的温暖和鼓励。

潘　曦

2020 年 6 月 18 日

嘉园书斋

目录
CONTENTS

01

绪论：
建筑与文化人类学

如果要用一句话来概括本书的核心议题，讨论建筑与人之间的关系或许可以算是一个答案。建筑，或者说更广泛的物质空间，如何被人的身体以及人所造就的社会和文化所塑造，它们又是如何反过来参与到对人的塑造中去的，这是本书所有论述围绕的问题。就具体内容而言，本书主要关注的是用文化人类学的理论和方法去解读建筑，尤其是建筑在社会与文化方面的含义，因此，这里就以对这两个学科的粗略解读来开始本书的论述。

1.1　建筑学的两种任务

建筑学作为一个强调实践性的学科，很多人对它的第一印象就是造房子，脑海中浮现的人群是建筑师。他们爱穿一身黑，性格有些高冷，对于形式审美有着很高的要求；他们工作非常辛苦，常常夜以继日地工作，通过他们的创造力和专业技能画出一摞摞的图纸，其中一部分图纸上的方案被建造出来，改变了我们所生活的城市和乡村。这些印象都没有错，建筑学作为一个职业性的学科，其主体从业人员是建筑师，其主要工作是建设城乡环境。不过，这并不是建筑学的所有工作。如果说设计和建造房屋可以称之为改造世界的话，建筑学人还要做一件事情，就是解释世界，解释今日和过去我们已知的建成环境。建筑学的这两种任务，从学科设置中就可以看得到。在我国的学科体系中，建筑学作为一级学科，其下设的二级学科有过多次调整①，但是前两个二级学科一直没有变化，一个是"建筑历史与理论"，另一个是"建筑设计及其理论"。虽然都带有"理论"二字，但是两者使用的连词不同，含义也不同：前者的含义是"建筑的历史＋建筑的理论"，

---

① 在教育部 1997 年颁布的《授予博士、硕士学位和培养研究生的学科、专业目录》中，建筑学下设四个二级学科：建筑历史与理论、建筑设计及其理论、城市规划与设计（含：风景园林规划与设计）、建筑技术科学。此后，城乡规划学与风景园林学相继独立成为一级学科，又增设了城市设计及其理论、室内设计及其理论、建筑遗产保护及其理论等研究方向。

即研究过去与现在既有的建筑；后者的含义是"建筑设计＋建筑设计的理论"，即设计建筑并研究如何去设计它们。粗略地说，这两个设立最久，也最为稳定的二级学科，就提示出了建筑学的两种任务：从物质空间的角度解释世界与改造世界。

　　我们今天所生活的世界，早已不是无人的荒野，如果从穴居／巢居算起，人类利用和改造自然环境已经有几十万年的历史，从定居农业的历史来算，人类建造房屋也有上万年的历史了。经过数千年上万年的建造活动，人们早已极大地改变了这个地球表面的面貌。所有通过人为活动的干预所形成的环境，我们就可以称之为建成环境（Built Environment）；而构成它很重要的一类对象，就是建筑。我们今日看到的建筑数量庞大、丰富多样（图1-1），它们是怎样形成、怎样发展到今天的，它们又为什么会发展成今天这样，这些问题都属于建筑学人，尤其是建筑历史与理论工作者的工作范畴。

图1-1　丰富多样的建成环境

（a）法国布鲁瓦城区；（b）印度新德里城区；（c）西班牙巴塞罗那城区；（d）印度尼西亚巴厘岛的宗教建筑；（e）中国四川藏区的居住建筑；（f）日本京都的园林建筑

从建筑学这个学科产生开始，解释世界、解释建成环境的工作就从未停止过。建筑师是在文艺复兴时期开始正式成为一个职业的。对当时的建筑师们而言，去探访古希腊、古罗马时期的遗址，调查和分析古典建筑可以说是一件必须要做的事情；关于建筑的起源问题、建筑的美学问题、如何对待历史建筑遗存的问题等，在当时都有非常丰富的讨论和思考。当然，那时候建筑的史论和设计尚未形成明确的分野，史论研究的目的除了解释既有的建成环境之外，也包括为设计实践提供支撑。从 18 世纪开始，随着启蒙运动的开展和一系列现代观念的确立，建筑史论逐渐成为一个专门的学科。我国的建筑学学科自 20 世纪早期产生开始，也同样把史论和设计作为两个重要的工作领域。从朱启钤先生创立营造学社开始，梁思成、刘敦桢等前辈就将现代学术体系的研究方法引入中国，开始了建筑历史与理论的研究。与西方建筑学的初创时期类似，当时建筑史论的研究目的也是兼顾认识和实践两个方面的，梁思成先生在《为什么研究中国建筑》一文中就提到，中国建筑史学的研究一方面是为了尊重和保护传统，深刻认识古代建筑的价值；另一方面也是要为创造新的建筑提供支持 [1]。经过将近一个世纪的发展，建筑历史与理论作为一个学科不断完善，经过文献考证阶段、田野调查与测绘研究阶段，在"有什么"和"是什么"的问题上有了长足的发展，并进一步迈入了解释性阐述阶段，关注"为什么"的问题 [2]。

就建筑的解释性阐述而言，社会与文化方面是十分重要的。王贵祥先生在 21 世纪初提出，在中国，建筑历史的研究可以从艺术与技术、历史与社会、文化与思想三个层面展开。20 世纪的建筑历史研究，在艺术与技术层面上已经积累丰厚，但在后两个层面上还有广阔的拓展空间。一方面，建筑实例应当放在整体的建筑现象中去考虑，并且对与建筑相关联的社会历史现象予以更多关注，把建筑史作为"人类历史与文化史的一个重要环节"来看待；另一方面，建筑不是纯粹的物质现象，"无论是作为艺术的建筑或作为社会功用性的建筑，都与特定社会的历史文化背景密不可分"，建筑多样性的背后是文化的多样性，对于建筑文化与思想的剖析工作还有待进一步推进 [3]。本书的写作，就是希望应对这一学科发展的趋势做出一些微弱的回应。

1.2　文化人类学学科印象

在现代学科体系中，文化人类学是一个相对年轻的学科，其形成通常认为是在 19 世纪。不过人类学一词的使用已经有非常久远的历史，其希腊词根是 "anthropos"（人）和 "logic"（研究），可以粗略地理解为人的研究之意。1655 年，《抽象人类学》一书中使用了 "Anthropology" 一词，并且把人类学分成了讨论理性灵魂的心理学与揭示人体结构与构造的解剖学，大致对应了文化人类学与体质人类学的范畴。体质人类学研究人类先天的体质特征，比如说德国的人类学家乔安·布卢门巴赫（Johann Blumenbach）对人类的头颅进行测量，进而提出蒙古人种、高加索人种、马来人种等概念，就属于体质人类学的范畴。文化人类学则研究人因为社会而后天获得的能力与习惯，例如礼仪、习俗、道德、法律等。1876 年，保罗·多宾诺（Paul Topinard）在其著作《人类学》中将这个学科定义为自然史的分支，是研究人类和人类种族的学问，这个定义在当时得到了普遍的共识 [4]1-2。

文化人类学作为人类学中比较主要的分支，在不同的国家有不同的称呼。文化人类学这个称呼，在北美使用得比较广泛；在英国的很多论述中，习惯使用社会人类学（Social anthropology），这个名称是英国人类学家詹姆斯·弗雷泽（James Frazer）在 1908 年提出的；而欧洲大陆的一些国家，尤其是德国，则经常使用民族学（Ethnology）一词，因为这个学科早期的主要任务之一是研究欧洲各个民族的历史起源和相互关系。总体而言，这三者在各自的地区所指的范畴是比较类似的，例如著名的法国人类学家克洛德·列维 - 斯特劳斯（Claude Levi-Strauss）就曾经针对有关这些不同名词的争议提出，文化人类学和社会人类学所包括的范围是相同的，只是出发点略有不同而已。但是，文化人类学这个称呼相对来说更加通用一些，民族学这个词因为限定范围更小，有时候会被作为文化人类学的一个分支来看待 [5]。

文化人类学的研究对象——文化，是一个非常宽泛的概念。对这个概念较早的科学意义上的定义来自英国人类学家爱德华·泰勒（Edward Tylor），他在《原始文化》一书中写道："文化或文明，就其广泛的民族学意义来讲，是一个复合的整体，包括知识、信仰、艺术、道德、法律、习俗以及作为一个社会成员的人所习得的其他一切能力和习惯[6]。"此后，又有很多人类学家给出了他们对于文化的定义，据美国人类学家艾尔弗雷德·克鲁伯（Alfred Kroeber）和克莱德·克拉克洪（Clyde Kluckhohn）统计，在 1871 年到 1951 年之间的文献中，至少可以搜集到 164 个关于文化的定义[7]。

综合各类概念，对于文化的含义可以一般性地归纳为三个层次[8]：第一个层次是物质文化，主要指人们为了处理与自然的关系而发明的一系列技术系统；第二个层次是制度文化，主要指人们为了处理与其他人的关系而产生的用来规范个体和组织的行为、让整个社会可以运作的制度体系；第三个层次是心理文化，指人们为了处理与自我的关系、调节心理而形成的观念，比如价值观等。人与环境、人与社会、人与自我这三对关系结合在一起，构成了文化的整体概念（表 1-1）。

表 1-1　文化的三个层次

物质文化	1. 工具：①调节温度（居所、衣服）；②供应食物（采集、渔猎）；③交通（物体的运输）；④通信（消息的传递）
技术系统 文化适应的结果	2. 技术：①运用能量的技术；②获食技术 3. 医疗技术 4. 器具的制作技术（编织、冶金、制陶）
制度文化	1. 人的类别：社会、亲属、性别、年龄、职业等角色
社会系统：政治制度 　　　　　社会制度 　　　　　亲属制度 文化适应的机制	2. 群体的类别：居住群体、亲属群体、等级群体 3. 社会组织
心理文化	1. 信念系统：宇宙观、权威观、财产观、文化内涵
观念系统 文化适应的策略	2. 价值系统：估价、道德、审美、文化精神 3. 宗教系统

来源：文献 [8]，P5。

在这个文化的概念层次中，建筑属于物质文化的一个部分，但同时也和物质文化的其他部分，以及制度文化和心理文化的诸多内容相关联。在人类学的研究中，将建筑作为物质文化或者文化的一部分进行考察，或者将建筑作为专门的研究对象来考察的例子，在各个时期、各个流派的研究中都可以见到，本书将对其中的一部分内容进行梳理和讨论。

1.3　早期的建筑人类学研究

　　尽管文化人类学作为一个独立的学科形成是 19 世纪后期的事情，建筑学的学科历史也至多追溯到文艺复兴时期，不过带有人类学倾向的对于建筑的思考却已经由来已久。这其中，最为悠久和广泛的一个话题就是关于建筑起源的思考。一旦当人们开始追问建筑是如何演变成今天的样子、为什么是这个样子，并且从人的行为和心理上去寻找原因的时候，其思考就多多少少带上了人类学的色彩。实际上，文化人类学最早的学派——文化进化论学派的学者们就是这样去追问关于人类文化的问题的。由于关于建筑起源问题的讨论极为浩瀚繁多，此处就以历史最为悠久的"原始棚屋"（Primitive Hut）说为例，进行简要的梳理。

1.3.1　维特鲁威谈建筑起源

　　就现存的资料来看，我们可以说对于建筑起源问题的讨论，和建筑学理论的历史一样久远。现存最早的建筑著作——古罗马建筑师维特鲁威（Vitruvius）编写的《建筑十书》，就讨论了这个问题。在第二书"建造材料"中，维特鲁威专门辟出了一节来讨论各种技艺及建造技艺的发明。他假想了这样的场景：最开始，人们和野兽一样在森林和洞穴中生活，过着茹毛饮血的生活；在偶然的情况下，森林里起了野火，火焰熄灭后，人们因为余烬的温暖聚集到一起（图 1-2）；在聚集的过程中，人们免不了需要用一些简单的声音相互交流，慢慢地就把一些词汇固定下来，由此命名了一些简单的事物，进而形成了语言。有了火种、掌握了火的使用以后，人们的聚居生活就开始了，他们开始发展出一些简易的遮蔽身体的技术，并且在相互观察、相互模仿、相互展示和相互竞争之中不断进步，建造房屋的技术就逐渐发展起来了（图 1-3）。可以说，在维特鲁威设想的这个场景中，建筑是和人们共享语言、聚居生活密切地联系在一起的，并且是人们模仿自然的产物。

　　而且，维特鲁威还具体地描述了两种建造方式。一种是"先竖起带杈的树干，其间用树枝编结起来，整个抹上泥"，另一种是"待泥块干了之后用它们来砌墙，并用木头联结加固"。相比于墙体的建造，屋顶的建造因为要抵抗重力而费上更多周折，"为了防雨防热，他们用芦苇和带叶树枝盖顶。后来证明这些覆盖物经受不住冬天的暴风雨，他们便用模制黏土块做屋檐，并在斜屋顶上设置水落口"。这种具体的描述并不完全是武断地臆想得来的，而是根据对一些相对原始和未开化民族的观察形成的推论。维特鲁威举出了一些他所在的时代的实例，来印证他关于原始棚屋的假说。例如一些森林资源丰富的地区，人们还在建造带屋顶的方形塔楼；在平原地区，人们用树枝建造圆锥形的棚屋；在湿润的地区，人们用芦苇、稻草等植物茎秆建造房屋；甚至在古雅典和古罗马，也还留存有原始的建筑。他认为，"从古代发明建房方法的种种迹象推测，我们便可确切得知事情是如何发生的"[9]76-77。

图 1-2　火的发明

图 1-3　原始棚屋的建造

以这段原始棚屋的论述为基础，维特鲁威又进一步论述了古典时期的神庙建筑，并且提出了两个论点：第一，人体是建筑均衡比例的重要来源，多利克、爱奥尼、科林斯柱式对于男性、女性和少女身体比例的模仿就是例子；第二，神庙的原型和棚屋一样，是用木材和芦苇建成的，许多石构的形象，来自对早期木构做法的形式模仿。工匠们从木结构建筑的"构建以及木匠技艺中吸取精华，并将它们运用于石造神庙的构建上。他们以雕刻来模仿这些布局，乐意采纳这些创造"，例如梁口的装饰板就是三陇板的原型，上楣底托石是对椽子的模仿等。总之，建筑来自对自然的观察和学习[9]89-106。

经历了黑暗的中世纪之后，维特鲁威的著作在文艺复兴的时候又被翻了出来、奉为圭臬，他的原始棚屋假说也在这个时期得到了更多回应。15 世纪的建筑学家莱昂·巴蒂斯塔·阿尔伯蒂（Leon Battista Alberti）在其所著的《建筑论》（又名《阿尔伯蒂建筑十书》）中，详细阐述了建筑是对自然的模仿这一理论，他认为所有的建筑理论都源于自然的法则，因为在建筑中模仿自然首先需要理解自然的规则，譬如几何形式、物理特性等，然后方可将它们应用到建筑设计中来[10]。另一位 16 世纪的建筑师安德烈亚·帕拉第奥（Andrea Palladio）也在其著作《建筑四书》中，十分明确地表述了建筑来源于自然这一观点[11]，并且在其私人住宅的设计中体现出了对于原始棚屋这一原型的理解。关于建筑与身体的密切关系，则生动地体现在菲拉雷特（Filarete）颇具基督教色彩的建筑起源设想中，他认为亚当被赶出伊甸园之后，天上下起了雨，于是他本能地用双臂交叉在头顶遮雨（图 1-4）。在之后的生存中，他发现建造房屋是保护自己的必要技能，于是在遮雨时的身体姿势的启发下，依照自己的身体尺寸和双臂形态建造了第一座原始棚屋[12]。

图 1-4　亚当遮雨的姿态

1.3.2　洛吉耶与原始棚屋

18 世纪，启蒙运动轰轰烈烈地在欧洲展开，从思想上推动了西方社会真正从"传统"进入了"现代"。启蒙时期的核心思想是理性，这一时期的思想家们试图用理性、推理、验证等方法去检视世界，检视传统中留存下来的社会习俗和政治体制，挖掘表象形式之后的潜在规律，这种追寻成为诸多现代学科的起源。同时，启蒙运动也相信，在理性的基础上有可能发现或者建立普世的原则与普世的价值，自由、平等这些观念也是由此而来的。正是在这样的思潮之下，建筑的起源又一次成为建筑学关心的话题，就像卢梭试图去追寻人类的本性一样，建筑学家们也对建筑的起源、建筑的规律、建筑的本质产生了兴趣，这使得维特鲁威的原始棚屋理论再次被提及。

这一时期最有影响力的学说来自马克 - 安托万·洛吉耶（Marc-Antoine Laugier）。在《论建筑》一书中，他开篇就提到，"建筑与一切艺术都是共通的：其原则以纯粹的自然为基础，自然的规律也昭示出其法则"，然后，和维特鲁威类似地，描述了一个设想中的原始建造场景。在这个场景中，人因为寻找自然中的遮蔽所而跑进森林、躲入洞穴，但林中的湿气和洞穴中昏暗的光线与污浊的空气最终促使他去建造一处自己的居所。于是他利用林中的树枝，"从中拣出四根最粗壮的，立在地上成为一个方形。再用四根搭在其上，然后从两侧相对支起一排树枝，并让它们在最高点相接。接下来他把树叶满铺在顶上，让阳光和雨水都不能透过，这样，他就有了居所（图 1-5）。可想而知，这个四面开敞的居所会让他因冷热感到不适，很快他又填上了两柱之间的空间，得以安心"。他认为，这就是建筑的起源，是"纯粹的自然之道，艺术乃循它而生。古往今来一切雄伟的建筑皆出于我所述之原朴小屋。唯有从这一原型的纯粹出发才能避免基本的错误，以臻完美"。以这个原型为基础，他为自己对建筑基本要素的分析找到了依据。在这个原始棚屋之中，立起的树枝体现了柱子的概念，搭在上面的横向树枝是楣，用作屋顶的斜枝则是山花。因此，柱子、楣和山花是建筑最基本的构成要素，而拱券、拱廊、阁楼、门窗等都是附加的要素，只要那些基本要素"有合理的形式，并以合理的方式组置，便无须它物，即达完美"[13]。

当然，那个时代也产生了与洛吉耶不同的原始棚屋说。例如，安德烈亚·梅莫（Andrea Memmo）论述了他的老师卡洛·洛多利（Carlo Lodoli）的看法，认为没有人可以肯定地说建筑在所有情况下都是模仿的艺术，更不用说去模仿一个具体的范例了，比如在以砖石建造房屋的地区，人们就不可能去模仿洛吉耶的木构棚屋。卡特梅尔·德昆西（Quatremère de Quincy）认为，没有绝对的原始建筑，而是存在三种建筑原型：帐篷、洞穴、棚屋／木匠活。帐篷原型被中国人和斯基台人使用，洞穴原型被古埃及人使用，棚屋原型被古希腊人使用。这跟雅克 - 弗朗索瓦·布隆代尔（Jacques-François Blondel）的观点是非常类似的，但是后者还把三类建筑原型与相应的生计类型联系在了一起，即帐篷与牧人对应，洞穴与猎人对

图 1-5　洛吉耶的原始棚屋

应，棚屋则与农民对应。并且他还进一步论述了人类聚落的发展：家庭逐渐壮大，人们给自己建造的居所越来越舒适和耐久，建筑群扩张而形成村落，又进一步发展成市区和城市；为了抵抗邻人侵犯，人们又建造起防御工事；因为不满足本地所产，人们又想办法去其他国家获取更丰富的产品。于是，民用、军事和航海就成为建筑起源的三种基本动机。而弗朗切斯科·米利齐亚（Francesco Milizia）则认为，建筑虽然是模仿的艺术，但是并不像有些艺术那样存在着自然的原型，而是由具有品味和天赋的人从自然中挑选要素、把它们组合起来，合成了一个完美的整体[14]。

不过，无论具体观点如何，这些 18 世纪的学者们都在试图通过起源学说构建建筑的权威，这种对原始棚屋的原型论述，和卢梭把家庭作为社会结构之原型进行的论述异曲同工①，都体现出了启蒙时代的特征——在把一切知识都系统化的过程中，对于事物起源的追溯就成了这一过程的前提。

此外，这些讨论得以如此广泛地开展也和新技术涌现所带来的深远影响有关。尤其是印刷机的出现，使得人们对视觉形式的关注超出了其他感官所得。如同马里奥·卡波（Mario Carpo）所评论的那样，印刷机大大增加了书籍的普遍性，进

————————
① 而且，卢梭在构想原始人的生活时也提及了棚屋，具体可参见其《语言的起源》一文中的论述，但是他对于棚屋具体的建筑特征并不感兴趣。

而推动了视觉图像稳定、高效、广泛的再现与传播。在维特鲁威的时期，其思想除了口口相传之外主要通过手稿传播，因此是以文字为主，而没有图像的；而印刷书籍普及之后，视觉形式就可以被人们跨越空间距离稳定地理解，从而成为更具普遍性的知识形式 [15]。

1.3.3 森佩尔与建筑四要素

然而，对于洛吉耶影响颇广的原始棚屋理论，19 世纪的理论家格特弗利德·森佩尔（Gottfried Semper）并不认同。他认为这个原型完全是一种先验的主观推断，而没有提供一个直接的原型。不过，他同样对寻找建筑的原则很感兴趣，只是他寻找的并非是洛吉耶那种永恒和普适的先验性公理。他主张，建筑的起源和规律要结合建筑所处的具体环境，从它们的历史特性中去寻找。令他欣喜的是，他在 1851 年伦敦世博会中看到了这样一个直接的原型——"加勒比棚屋"（Caraib Hut）（图 1-6）。在《风格》（Der Stil）一文中，森佩尔这样描述它："借用民族学视角来看，它没有任何想象与虚构，而是一个高度真实的木构建筑的实例"；它与洛吉耶模糊的描述不同，是一栋具体的房子 [16]36。在这栋棚屋中，"古代建筑的所有要素都以它们最原初的样子呈现出来：火塘是中心，墩子被杆件所构成的框架所围绕而形成一个平台，屋顶由柱子支撑，席子则作为空间的围合或是墙体" [17]。基于加勒比棚屋的启发，森佩尔提出了他的"建筑四要素"理论，从人类的需求与行为动机——而不是形式上的原型——来解释建筑的起源。火塘（Fireplace）是最早出现的精神要素，它的出现以及用火取暖和加热食物是人类栖息地最早的迹象之一，"在火塘周围，人类形成了最早的群体；在火塘周围，人类形成了最早的联盟；在火塘周围，早期的原始宗教观演化出了一整套祭拜习俗。在人类社会的各个发展阶段中，火塘都是神圣的核心空间，周围的一切都处于这个核心形成的秩序和形态中"。之后才出现了其他三种要素，即屋顶（Roof）、围护（Enclosure）和墩子（Mound），分别对应着庇护、划分空间、抬高地面的需求。在气候、自然环境、社会关系和种族分布等因素的影响下，人类社会向不同的方向发展，建筑的四要素也发生了不同的变化，进而形成了不同的建筑形式 ①。同时，建筑的四要素也分别对应着不同的人类技艺，火塘对应的是制陶业与金属制品，屋顶对应的是木工技术，墩子对应的供水系统和砖石工种，而与围护对应的则是墙壁装饰，

① 例如，森佩尔认为中国的传统木结构建筑就可以明显地看到屋顶、围护和墩子三个元素以相对独立的状态存在，但是火塘却不再居于中心地位了。

即挂毯和地毯的编织[18]。

　　之后，森佩尔穷其一生试图去阐释这套体系，但是没有最终完成，我们今天能看到的完成的部分，是森佩尔关于他最重视的围护这一要素的讨论，包括墙面装饰、编织技艺等（图1-7）。他没有去关注材料建构的真实性，而是把焦点放在了装饰性表皮上；在他看来，表皮与装饰是建筑形式最先为人感知的部分，像墙体这样的建筑元素，只不过是其装饰性表皮无足轻重的支撑物罢了。例如在游牧民的帐篷中，编织的隔断、织物等这些是形成空间围合最基本的东西，而墙体本身作为固定的建筑元素，其存在仅仅是为了支撑这些表皮罢了[18]。森佩尔主张，建筑的墙体起源于分隔空间的编织物，穿衣服（Bekleidung）这个概念在本质上是与空间的围合相联系的，甚至空间的围合出现得要更早一些，就这一点来说，建筑和编织有着同样的起源。这种观点体现出了一种创造性的理解，即建筑表面是日常活动中人与建筑发生交互的关键部位，从而最为广泛地参与到了社会关系的再生产中，这样的认知可以说颇有些现象学的意味。

　　在马里·瓦图姆（Mari Hvattum）看来，森佩尔的建筑四要素理论是在他所处的时代以及之前一系列活动与思想的积淀上形成的。首先，18世纪以来传教士和其他人的旅行报告越来越多地涌现，这些发现所展现出来的事实并不那么支持一元化的起源理论，而是更加证明了文化的多样性。在孟德斯鸠（Montesquieu）的反思中，文化习俗的差异性得到了承认，这种差异的产生并非是普遍进化出了差错，而是由民族和环境的自然差异导致的。自然环境并不是把人们都变得一样，

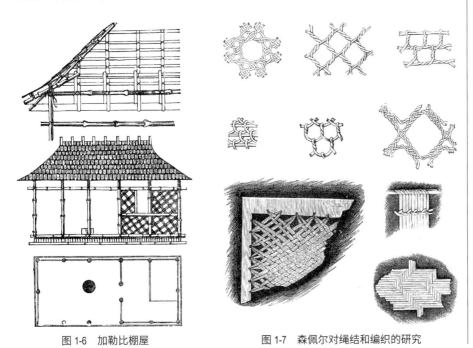

图1-6　加勒比棚屋　　　　　　　　　图1-7　森佩尔对绳结和编织的研究

而是让每个民族都在其表达中留下了自己的印记。对这种民族与环境之差异的认识，在前文德昆西提出的牧人帐篷、猎人洞穴和农民棚屋中就可以看到，在他的理论中，历史形式是一种可供选择的相对现象。之后，德国人类学的先驱古斯塔夫·克莱姆（Gustav Klemm）进一步探索了人类文化的多样性。虽然他也提及了德昆西的三个建筑类型，但并不以此作为建筑的起源；他主张，所有艺术都出自人类的"表达欲"（Kunsttrieb），人有着外在展现的需求，因而会用各种表达方式来装点其环境。因此，建筑的起源也不是形式类型，而是"表达欲"这种永恒的、必要的需求。这种极具人类学色彩的观点对于森佩尔之后的影响，可以说是非常明显的。通过加勒比棚屋的启发，森佩尔得到了他对于建筑起源的答案，这个答案并不是某种建筑形式，而是建造的原则。原始棚屋是"形式的组成部分，但并非形式本身，而是造就形式的理念、驱动力、目标和方法"。这一系列逐渐体现出地理特殊论的思想发展，预示了后来"民族精神"（Volks Geist）这一概念的形成，以及它在民族国家、民族形式的产生和发展中所扮演的重要角色 [16]35-46。

此外，还有一个有趣的巧合，就是森佩尔是在水晶宫（图 1-8、图 1-9）这个建筑中发现加勒比棚屋的。他曾经这样评价这个建筑："这些纤细的柱子作为'原始'幕墙的支撑，与悬垂的帘幕、挂毯充分地融合在一起……那么我们就可以看到，在这栋绝妙的建筑中，原始建筑的初始形式被不经意地再现了。"[19] 可以说，森佩尔在参观水晶宫之后提出的论证，在某种意义上呼应了水晶宫这一建筑本身。同时，在水晶宫这场博览会的参观者中，还有一位考古学家皮特·里弗斯（Pitt Rivers），他基于发展哲学对物质文化进行的研究，将会在第 02 章中论述。

经由这些对于建筑起源的讨论，我们或许可以粗略地了解，建筑学和文化人类学可以怎样结合，以及它们结合在一起能够做些什么。可以说，这两个学科本身就是适宜相互交叉的，建筑学是一个强调对象的学科，建筑理论家们从各种各样的角度去分析和解读建筑；而人类学是一个长于方法的学科，它考察的对象可以说包罗万象。因此，运用人类学的方法去解读建筑这类对象无疑是可行的。这两个学科的结合，可以大大加深我们对于建筑（以及更广泛的建成环境）"为什么会这样"这个问题的理解。当我们把目光投向建筑时，第一眼看到的往往是建筑"长什么样"，对这个问题的梳理对应的就是建筑的"风格史"。但除了"长什么样"之外，还有两个问题也是我们不能忽视的，一个是建筑"怎么建成这样"，大致可以对应建筑的"技术史"；还有一个就是建筑"为什么会这样"，这个问题中的核心内容就是建筑的"文化史"。有了对技术和文化背景的认识，我们才能更好地理解建筑风格形成和发展背后的土壤。而文化人类学就为建筑的文化研究提供了非常有力的工具，帮助我们回答建筑"为什么会这样"，更加深刻地探究建筑与人的关系。

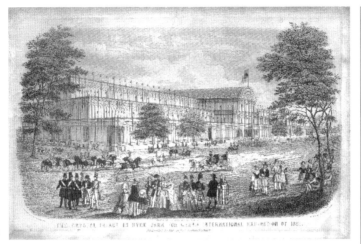

图 1-8　伦敦水晶宫

图 1-9　伦敦水晶宫
　　　　室内

1.4　本书的内容与思路

　　作为一项以课程讲义为基础发展而来的成果，本书的内容离形成一个完整的
理论构架还有很远的距离。不过在写作的过程中，本书还是尽力在内容组织上形

成一定的逻辑性，以便于读者的阅读。全书共有 10 章，除绪论和结尾的讨论章节外，可分为上、下两篇。上篇从理论出发，选择了文化人类学若干较为典型的理论流派，对这些理论流派及其影响下所形成的关于空间、建筑与聚落的研究进行了梳理；下篇则调转方向，从对象出发，选择了身体、建筑、城市、遗产等有关物质空间的话题，讨论在人类学的视角下有可能对它们进行怎样的解读。

因此，上篇为"人类学理论与建筑研究"，共分为以下 4 章。

第 02 章讨论的是文化人类学最早的理论流派：文化进化论学派。文化进化论在生物进化论盛行的背景下形成，流行于 19 世纪晚期，又在 20 世纪中期得到复兴。文化进化论学派的人类学家不仅比建筑学家更早地完成了可能是现代学科体系建立以来最早的乡土建筑研究专著，而且极大地推动了包括建筑在内的物质文化研究。文化进化论信奉人类心理存在着普遍的一致性，因此人类社会总是会沿着一条普遍的进化规律向前发展，而某个时间点上所观察到的不同社会之间的差异，只是因为它们处在不同的发展阶段而已。他们搜集世界各地的资料试图来印证这一学说，而物质技术被作为社会发展阶段最重要的判断标准。如此一来，物质文化的研究就变得十分重要了，过去历史中的物质遗存就像是化石一样，成为调查社会形式的重要线索。于是，建筑作为物质文化的重要组成部分也得到了学者们的关注，尤其是被认为可以代表某一历史时期状态的原始与乡土的建筑，更是成为"化石隐喻"下重要的研究对象。

第 03 章以费孝通先生提出的"各美其美"为题，考察了关于文化多样性的一些学说，主要包括博厄斯学派的理论和地方性知识的概念。在今天，文化的多样性应当得到尊重和维护似乎已经成为一种普遍的共识，但这并不是向来如此的。博厄斯学派对于这种共识的建立作出了极大的贡献，对当时盛行的种族主义、欧洲中心论进行了强有力的批判。在文化相对论之下，抱持一种开放和包容的心态去看待与文化形态同样丰富的地方性建筑形式，一些惯常情况下不为建筑学所关注的建筑特征便会进入视野。有些时候，建筑会刻意地追求脆弱和平凡，而非坚固和恢宏；有些时候，物质性对于建筑来说甚至不是最重要的。同时，对于多样化的地方文化的重视，也影响到了现当代的建筑理念，地域主义和批判性地域主义的提出，就在全球化背景下为通过建筑追寻文化身份的认同提供了有力的理论支撑。

第 04 章从田野调查切入，梳理了一条从文化人类学到中国乡村及其建筑之研究的脉络。在今天看来，田野调查是文化人类学的标签之一，也是人类学家们的看家本领。但是与文化相对论类似，田野调查也并非一开始便是人类学家们的共识，这一学术传统是由英国的功能主义学派推动和建立起来的。这个学派认为，文化是一个整体，每一种文化现象都应该放到整体文化中去考察其功能，这种考察需要通过细致深入的实地调查才能完成。同时，这个学派与中国有着深厚的渊源。学派的两位代表人物曾经先后到中国讲学，对于中国人类学学科的早期发展有着很大的贡献，而且对于中国研究，尤其是中国乡村的研究起到了积极的推动作用。同时，我国人类学泰斗费孝通先生也是这一学派的嫡传弟子，深受结构功能主义思想的影响。这种思想，通过陈志华等前辈的工作被延续到了乡土建筑与聚落的研究中，并且其所在的传统民居领域也从人类学中汲取了思想的养分。

第 05 章讨论的是 20 世纪中后期在人类学与建筑学中都曾经盛行过的结构主义思潮。结构主义发端于语言学的研究，并在 20 世纪五六十年代通过列维 - 斯特劳斯为代表的人类学家推动形成了广泛的影响，而法国则是人类学这一流派的中心。结构人类学信奉人类心理的普遍一致性，致力于探寻人类文化现象背后的恒常性规律，也涉及过对房屋建筑的研究。大约在同一时期，建筑学中也出现了同名的思潮，其代表人物主要是荷兰的一批建筑师，他们的作品大多是公共建筑，并以结构的恒常性与内容的开放性为主要特征。这两个学科中的结构主义思潮共享同一个名号，流行时间大致相近，表述方式类似，关注的对象也有交叠；但同时，两者在其源流脉络和聚焦的具体问题上又具有各自的独立性。本书认为，两者之间的关系更像是一次邂逅，它们由于人类学和建筑学对于建筑之社会性的共同关注而相遇，又因为两个学科各自的特征而形成了彼此之间的差异。

本书的下篇为"解读建筑的人类学视角"，分为以下 4 章。

第 06 章关注的是空间与身体这个话题。这个话题在建筑学中有着非常悠久的历史，在维特鲁威时期就已经出现，并在文艺复兴时期得到了广泛的讨论。但是自启蒙运动后，现代性不断确立、祛魅过程持续展开，笛卡儿主客二分法的深刻影响伴随着线性透视法、暗箱等技术的发明，使得人们对于空间的认知经历了一段离身化的时期。直到 20 世纪后期，现象学的兴起才又重新带来了空间涉身性的回归。现象学学者们试图通过重申身体在世界中的位置，去解决现代性所导致的身心分离问题，在他们的论述中，身体和空间是彼此交融在一个整体之中的，无法截然分离。在具体的物质空间研究上，社会学的"惯习"（Habitus）研究、空间关系学（Proxemics）的研究，以及诸多对于空间拟人化的研究，都为这一话题提供了很好的例子。

第 07 章的论述在建筑尺度上展开。从"化石"范式的研究开始，建筑在更多时候往往被作为个体认知、社会结构、文化意象的物质载体来看待，而这一章尝试了另一个方向的思维路径，即关注建筑的"能动性"。这一章以乡土与后乡土时代的家宅为例讨论了建筑如何参与社会文化的建构、促进这些内容的再生产。在乡土社会的研究中，人类学的"家屋社会"（House Society）理论提出了一种新的社会类型，推动了一系列把乡土建筑置入社会过程中去考察的研究。通过把乡土建筑的物质空间特征与社会关系的生产、文化解释的传递、集体认同的构成联系在一起，这些研究提供了一种解读建筑的新视角。在后乡土时代，现代家宅不再是家庭自建的居所，而成为宏观力量与个体行为融合或者说博弈的产物，也由此导致了一种"墙外"与"墙内"的研究分野：对外部建筑形式的研究，较多地以商品或社区的形式参与到更为宏观的经济、政治、社会语境的讨论中去；对内部家庭生活的研究，则更多地把分离、附着、流动之特性作为主角，与身份塑造与情感延续等主题紧密地关联在一起。这些"过程性"视角下的解读，向我们展示了一种更为整体的建筑观。

第 08 章延续了第 07 章的这种"过程性"视角，进一步把尺度扩大到了城市层面。相较于相对封闭和自给自足的乡村，城市作为一种聚落类型，规模更大、社会层级更多、社会结构更为复杂，在国家建制体系中往往处在更为上游的位置，因而也与权力更加紧密地勾连在一起。这一章以君权神授下的明清北京和契约社会下的古代雅典为例，讨论了城市中的空间实践如何参与权力的获得过程；以启蒙运动以来关于现代监狱和全景敞视主义（Panopticism）的讨论为例，展现了建筑如何作为一种现代机构，成为高效执行权力的机器，推动了"规训社会"的形成；以巴洛克规划、城市美化运动，以及 20 世纪欧洲独裁者的建设活动为例，梳理了一系列通过城市形态的塑造来威慑他人、宣传意识形态、彰显权力的历史实践。

第 09 章关注的是 20 世纪颇受关注的遗产保护，着重从"我们是谁"这一身份认同问题出发，分析了现代社会因何保护遗产、如何保护遗产，以及当代对于遗产保护的批判和反思。启蒙运动与现代性的到来，使得人们从传统社会循环往复的时间观转向了现代社会线性发展的时间观，从而形成了"古人"与"今人"间清晰的身份差别，进而导致了对历史遗存的关注和保护。基于客观、理性的现代历史观，现代人形成了诸多关于遗产保护的共识，以真实性（Authenticity）原则为基础，衍生出了最小干预（Minimal Intervention）、可逆性（Reversibility）等原则，对过往和今后都展现出了包容和尊重。伴随着后现代主义思潮的兴起、对主客二元思维等现代观念的批判，遗产保护者们也开始反思既有的保护理念，认识到遗产保护是具有当代性的实践，所有的选择都是当代人基于自身需求而作出

的。尤其是当遗产的类型变得越来越丰富，越来越深入地参与到当代社会生活中
去时，遗产保护也就成为一种利益的协商和平衡。

最后，本书在第 10 章中提出了一些虽然关注过，但尚未形成系统性思考的议
题，这些议题或许同样可以结合建筑学与文化人类学的知识来展开。希望这些尚
不成熟的想法可以抛砖引玉，为建筑人类学的更多讨论提供少许启发。

参考文献

[1] 梁思成 . 中国建筑史 [M]. 天津：百花文艺出版社，2007：1-10.

[2] 温玉清 . 20 世纪中国史学研究的历史、观念与方法：中国建筑史学史初探 [D]. 天津：天津大
学，2006：9-11.

[3] 王贵祥 . 中国建筑史研究仍然有相当广阔的拓展空间 [J]. 建筑学报，2002（6）：57-59.

[4] 艾尔弗雷德·哈登 . 人类学史 [M]. 廖泗友，译 . 济南：山东人民出版社，1988.

[5] 夏建中 . 文化人类学理论学派——文化研究的历史 [M]. 北京：中国人民大学出版社，1997：
1-10.

[6] EDWARD TYLOR. Primitive Culture[M]. New York：Harper & Row，1958：1.

[7] ALFRED LOUIS KROEBER，CLYDE KLUCKHOHN. Culture：A Critical Review of
Definitions[M]. New York：Kraus Reprint Company，1978.

[8] 周大鸣 . 文化人类学概论 [M]. 广州：中山大学出版社，2009：5.

[9] 维特鲁威 . 建筑十书 [M]. 陈平，译 . 北京：北京大学出版社，2012.

[10] 莱昂·巴蒂斯塔·阿尔伯蒂 . 建筑论：阿尔伯蒂建筑十书 [M]. 王贵祥，译 . 北京：中国建筑
工业出版社，2010.

[11] 安德烈亚·帕拉第奥 . 建筑四书 [M]. 毛坚韧，译 . 北京：北京大学出版社，2017.

[12] 菲拉雷特 . 菲拉雷特建筑学论集 [M]. 周玉鹏，贾珺，译 . 北京：中国建筑工业出版社，2014：
31-42.

[13] 马克 - 安托万·洛吉耶 . 洛吉耶论建筑 [M]. 尚晋，张利，王寒妮，译 . 北京：中国建筑工业出版社，
2014：3-4.

[14] JOSEPH RYKWERT. On Adam's House in Paradise[M].Cambridge：MIT Press，1981.

[15] MARIO CARPO. Architecture in the Age of Printing：Orality，Writing，Typography，and Printed
Images in the History of Architectural Theory [M]. Cambridge：MIT Press，2001.

[16] MARI HVATTUM. Gottfried Semper and the Problem of Historism[M]. Cambridge：Cambridge
University Press，2004.

[17] ROBERT DELL VUYOSEVICH. Semper and Two American Glass Houses[J]. Reflections,1991(8)：
4-11.

[18] 戈特弗里德·森佩尔 . 建筑四要素 [M]. 罗德胤，赵雯雯，包志禹，译 . 北京：中国建筑工业
出版社，2010：69-116.

[19] WOLFGANG HERMANN. Gottfried Semper：In Search of Architecture[M]. Cambridge：MIT
Press，1984：179.

建筑与文化人类学

02

化石隐喻：
文化进化论与乡土建筑

2.1 乡土建筑：20 世纪中后期的时尚

21 世纪以来，乡村在我国已经成为一个毋庸置疑的热词。从"三农"问题的提出（2000 年），到新农村建设（2005 年）、新型城镇化（2014 年）、乡村振兴战略（2017 年）的相继提出，乡村在各个层面都得到了广泛关注。与此同时，乡土建筑和传统村落也愈发得到重视，其发现、记录、研究、保护等工作不仅出现在历年的中央一号文件中，也在"中国传统村落""美丽乡村"等工作中得到体现。各类媒体上，丰富多彩的传统村落与民居频频得到报道，人们休闲旅游的时候也更多地把乡村作为目的地，乡村俨然已经成为一种风潮。

回顾 20 世纪，乡土建筑在西方也曾经掀起过类似的潮流，成为一种时尚。其中，最令人瞩目的事件之一当属纽约现代艺术博物馆 1964—1965 年举办的展览——"没有建筑师的建筑"（Architecture Without Architects）。这场展览以 200 张大幅的黑白照片展示了世界各地的乡土建筑，以及其所在的环境和其中生活居住的人们（图 2-1），引起了极大的反响，成为该博物馆史上最成功的展览之一。此后，策展人伯纳德·鲁道夫斯基（Bernard Rudofsky）又出版了同名著作《没有建筑师的建筑：非正统建筑简介》[1]，进一步推动了人们把目光从精英文化转向普通人的寻常建筑。1965 年，人类学家路易斯·亨利·摩尔根（Lewis Henry Morgan）的印第安人建筑研究又被重新挖掘出来，成为了畅销书。八十余年前此书最初出

图 2-1　没有建筑师的建筑

版时，只是因为《古代社会》一书体量太大而将第五部分析出，于 1881 年单独出版，在当时并未引起太多讨论（至少相较于《古代社会》一书而言）；而再版时，它却被评价为"不可取代""具有启发性"，被认为对彼时处于人类学前沿的空间关系学和新进化论产生了重要影响 [2] ix - xi，得到了不吝溢美之词的极高评价。四年后，阿摩斯·拉普普特（Amos Rapoport）出版了《宅形与文化》（House Form and Culture）一书，以广博的视角从气候、材料、技术、经济、社会文化等多个方面讨论了世界各地的原始建筑与风土建筑，可谓兼具广度与深度。他重申了摩尔根的观点，即"原始"建筑只是在建造方法上而非思想理念上"原始"，可以为人们提供关于居住的智慧 [3]。这部著作同样影响深远，直到今天仍然是乡土建筑领域的经典文献之一。

上述 3 个颇有影响力的事件，是在 20 世纪 60 年代的短短数年中密集发生的，这足以让人窥见当时乡土建筑在西方的热度。那么问题来了，乡土建筑研究为何会在这个时期的西方兴盛呢？其原因肯定是多方面的，譬如战后对于住宅问题的关注、乡土建筑与功能论的契合等，不过此处想要重点讨论的，是文化人类学对其所造成的影响。这一时期的乡土建筑研究，或多或少都有一个相似的想法，即把乡土建筑作为过去历史与初民社会的见证，为当下的社会研究提供参照。这种思维范式，被称为"化石隐喻" [4]，与人类学进化论思想的起落有颇高的相关性。

2.2 化石隐喻：进化论与物质文化

2.2.1 从生物进化论到文化进化论

作为文化人类学的第一个学派，文化进化论可以说是与文化人类学这个现代学科一同形成的。这个学派活跃于 20 世纪的后半叶，以赫伯特·斯宾塞（Herbert Spencer）、阿道夫·巴斯蒂安（Adolf Bastian）等人的社会进化理论为发端，以爱德华·泰勒的《原始文化》和路易斯·摩尔根的《古代社会》这两部著作的问世为成熟的标志。

文化进化论的产生，受到了生物进化论的直接影响。在 19 世纪的学术界，生物进化论是不可忽视的最重要的理论成就之一。1858 年，达尔文发表了其生物进化理论，并在次年出版了《物种起源》一书，形成了巨大的影响。此前虽然也有过对于人类进步的讨论，但是从来没有像达尔文的学说那样引起如此广泛的关注。这种影响不仅发生在自然科学领域，也波及了社会科学领域。阿尔弗雷德·哈登（Alfred Haddon）就评价道，这本著作的出版"深刻地影响了人类学这门新生科学"，是"人类学史上的新纪元"[5]。这一学派认为，如果人类的自然起源说成立，那么人类自身及其社会也就如同自然界的万物一样，也是不断发展变化的，并且可以去探寻其中的规律。

在文化进化论学说的早期发展中，斯宾塞的贡献是非常重要的。实际上，达尔文在最初出版《物种起源》时并没有使用"进化"这个词语，而是直到 1872 年出版第六版时才使用了这个词，并且也未给出明确的定义，彼时这个词语已经是一个广为人知的学术用语了。而在那之前，斯宾塞已经多次在学术语境下使用并论述了这个概念。据哈登的记载，斯宾塞在 1850 年就已经使用该词，提到"有机体进化论的观点已在我们的思想中深深地扎下了根，其结论来自大量的证据"[5]。此后，他多次谈论这一概念，并在 1862 年给出了一个定义："进化是通过不断的分化和整合，从不确定、不连贯、同质向确定、连贯、异质的变化"。此后还首次提出了"适者生存"（Survival of the Fittest）的说法，被达尔文赞赏并收录进了《物种起源》的第五版中。随后，他又在《社会学原理》一书中提出了人类社会进化的三个阶段：分散的个体形成群体，个体的分化、特化和专门化，特化的个体与整个群体的平衡，为进化论的确立作出了极大的贡献[6]16-19。在斯宾塞看来，社会进化与生物进化本质上是相同的。社会进化一方面受到环境的影响，另一方面受到社会群体中的成员的体质、智力影响，而后者是受遗传所决定的。

约略同时，英国人类学家泰勒出版了《原始文化》一书，在书中首次对"文化"这一概念进行了科学意义上的定义："文化或文明是一个复杂的整体，它包括知识、信仰、艺术、道德、法律、风俗以及作为社会成员的人所具有的其他一切能力和习惯"[7]。泰勒也同样认为，人类的文化史是自然历史的一部分，因此支配人的思想和行动的规律和自然界的规律是相适应的。既然自然科学已经证明了整个自然界是不断向前发展和进化，并且有其固有规律，那么人类社会也应当一样是不断向前发展和进化，并且有其固有规律的。在书中，泰勒提出了两条他认为是普遍适用的原理：第一，世界各地的文化有着广泛的共同性，这种现象是出于共同的原因，即环境的相似性和人类本性的普遍性；第二，文化的发展会按照一个序列经历不同的阶段，从蒙昧状态发展到文明状态，并提出了以狩猎采集为特征的原始阶段、以动植物驯化为特征的野蛮阶段，以及以书写文字为特征的文明阶段等具体阶段。泰勒的这些观点，得到了美国人类学家摩尔根的进一步发展。基于在印第安部落的长期调查，摩尔根出版了《古代社会》这一重要著作，把文化人类学和考古学结合起来，对人类社会的发展阶段又进行了进一步的细分，并且把生产技术和工具作为划分发展阶段的重要标志（表 2-1）[8]。这部著作后来对马克思和恩格斯影响很大，恩格斯在此后出版《家庭、私有制和国家的起源》一书时，封面上的副标题就写着"就路易斯·H.摩尔根的研究成果而作"。

表 2-1　摩尔根概括的社会进化阶段

发展阶段	社会状态	具体标志
蒙昧阶段	低级蒙昧社会	始于人类的幼稚时期，终于下一期的开始
	中级蒙昧社会	始于鱼类食物和用火知识的获得，终于下一期的开始
	高级蒙昧社会	始于弓箭的发明，终于下一期的开始
野蛮阶段	低级野蛮社会	始于制陶术的发明，终于下一期的开始
	中级野蛮社会	东半球始于动物的饲养，西半球始于用灌溉法种植玉蜀黍等作物以及使用土坯和石头来从事建筑，终于下一期的开始
	高级野蛮社会	始于冶铁术的发明和铁器的使用，终于下一期的开始
文明社会		始于标音字母的发明和文字的使用，直至今天

来源：据文献 [8] 绘制。

概括而言，古典的文化进化论有以下几个基本观点。首先，整个世界是依照自然法则来运行的，社会的运行也是一样，因此自然科学的方法也同样适用于社会科学的研究。其次，人类的心理具有普遍的一致性，因此也会导向同样的行为而最终导向同样的文化发展规律。最后，不同的社会都遵循一定的序列向前进化，尽管所观察到的状况会因所处的发展阶段不同而有所差异，但进化的规律是共同的。

当然，文化进化论的一系列研究得以在 19 世纪蓬勃开展，也与其他诸多条件的成熟有关。例如，西方国家的殖民活动在 19 世纪得到了蓬勃的发展，因而研究世界各地的"未开化"社会就成为支撑殖民统治和殖民贸易的迫切要务，促进了人类学的研究。印刷术、书籍等的发展使得信息可以更加稳定、快速、广泛地传播①，从而让人们可以把世界不同角落的探索所得放在一起进行比较，作为构建一个普遍性框架的素材。

————————

① 19 世纪中期，德国生产出了快速印刷机，各发达国家在约一个世纪内相继实现了机械化、工业化印刷。

2.2.2　摩尔根与印第安人房屋研究

可以看到，在文化进化论的代表人物摩尔根和他的前辈泰勒那里，物质技术是区分社会发展阶段最重要的标志，因此，物质文化的研究也就成为进化论范式下重要的研究内容。在对印第安人社会的研究中，摩尔根把物质文化的重要组成部分——房屋建筑列为一个单独的专题来进行考察，并计划将其作为《古代社会》的第五部分出版。但是后来考虑到全书的体量太大、难以印刷，就把这一部分析出后于 1881 年单独出版，即《印第安人的房屋建筑与家室生活》[1]。

摩尔根的这部著作，是人类学家完成的第一项代表性的建筑研究。书中描绘了不同区域、不同群体的印第安人的房屋建筑，以及他们的生活方式和风俗习惯，并认为这些不同的社会体现了文明发展的不同阶段，例如易洛魁人的例子体现了野蛮文明的低级阶段，阿兹特克的例子代表了野蛮文明的中级阶段等。他在该书开篇这样说道："所有的建筑形式都源自一种共同的思想，继而展示了某些共同理念的不同发展阶段，来应对共同的需求……从易洛魁的长屋到新墨西哥、尤卡坦、恰帕斯和危地马拉那些用土坯和石头建造的联合大公寓，他们的房屋都可以看作是来自同一套运作体系，只是由于这些部落处在不同的发展阶段而自然地呈现出一些差异"[2] xxiii-xxiv。

在书里所论述的案例中，易洛魁人的长屋尤为著名（图 2-2）。像其他氏族盛行的地方一样，易洛魁人也居住在多个家庭共享的大房子里，房屋以木材为骨架，以树皮覆盖屋顶，长度从 30 到 100 英尺不等。房屋的空间布局是一字型的，每隔 7 英尺左右设一堵墙，把屋子分隔成若干个房间，通常每个房间供一个家庭使用；房间的两端都居中开门，形成了一道贯穿整栋房屋的走道。这些家庭之间都有血缘关系，家庭中的已婚女性及其子女都属于同一个氏族，氏族的图腾通常就画在房子上。在这栋大房子里，所有成员渔猎或者栽培所获之物都属于集体共有，并且由一位女性管理。房子里每四个房间有一个设在过道中间的火塘，每天的饭食在火塘上煮好以后就会由负责管理的那位女性分配给各个家庭，余下的统一保管。这样的生活一直持续到了 18 世纪甚至更晚。摩尔根指出，正是因为易洛魁人"在家庭生活中实行共产制，这一基本原则也在他们的家屋建筑中得到了体现，在很大程度上决定了建筑的特征"；而反过来，房屋的这种建筑布局特征，也反映了家庭生活的共产制原则[2]127, 139。在这样的论述中可以看到，作者把社会形式与建筑形式联系在一起的思维倾向是十分明显的。

---

① 这一过程的具体论述，见该书的序言。

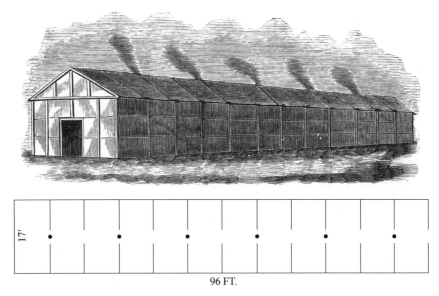

图 2-2　易洛魁人的长屋

2.2.3　进化论影响下的物质文化研究

深受摩尔根影响的马克思曾经说："过去劳动过程中的工具的遗存，对于调查现存的社会经济形式来说，就像化石对于现存物种的确定一样重要①" [6]。摩尔根在印第安人建筑的研究中所使用的这种"化石"的比喻，就成为 19 世纪诸多进化论影响下的物质文化研究的主导性范式。学者们热忱地搜罗世界各地的人工制品，把它们作为不同社会发展阶段的物证，在一种强烈的"系统性"思维之下对它们进行有意识的排列，试图建构出一条链条或谱系，以印证人类社会的普遍发展规律。

19 世纪晚期，英国考古学家皮特·里弗斯将自己从世界各地所收集的人工制品捐献给牛津大学，成立了皮特·里弗斯博物馆。在这个博物馆中，展品并不是像当时大多数其他的民族学博物馆那样，按照所处的地理位置和文化区域进行陈列，而是按照展品的用途功能（如武器、乐器等）分门别类陈列的；每个类别中的各件展品按照其所代表的社会发展阶段排列，从而呈现出一套系统性的进化路径。作为一名曾经的军人，武器是里弗斯收藏的人工制品中的重要类型（图 2-3），从他的武器研究中就可以看到他对于物质文化之演变发展的关注，以及这种思维

---

① "Relics of bygone instruments of labour possess the same importance for the investigation of extinct economic forms of society, as do fossil bones for the determination of extinct species of animals."

方式与进化论观点之间的密切联系[7]。当然，这样的收藏活动也受到其他因素的影响。一方面，欧洲自文艺复兴时期开始就出现藏宝室（Curiosity），形成了收藏各种偏远民族人工制品的传统，成为今天博物馆传统的前身；另一方面，工业革命的兴起使得 19 世纪的人们在各个方面广泛地体会到了前所未有的变化和差异，这种强烈的体验促使人们去对纷繁复杂的事物进行系统性的理解，也不可避免地形成对正在或即将逝去的事物的伤怀和忧郁情绪。里弗斯就曾经这样感叹："几乎毫无疑问，在数年之内，所有重要的野蛮民族都会从地球上消失，或者为了保存其本土艺术而不得不停止发展。这条规律在让所有野蛮民族得以接触比自身高出许多的文明，同时也给他们带去了消亡的命运，如今，这一切正在世界上的各个角落里残酷而剧烈地发生着"[8]。

　　20 世纪初期，旧石器时代遗址的考古研究在前苏联引起了热切的关注。马克思主义者继承并发展了摩尔根的理论体系，也延续了对物质文化研究的兴趣。如果说早期的建筑形式可以为早期的社会形式以及人类社会演化提供证据，那么也可以进而以此设想社会演进的下一阶段，这一点引起了研究者们的强烈兴趣和密切关注。例如，在 20 世纪 20 年代，前苏联的城市规划学派（Urbanist）和去城市规划学派（Disurbanist）曾经争论棚屋和长屋这两种平等主义的结构形式哪个更适宜社会主义的实现。20 世纪中期，在格拉多夫斯（Gradovs）的规划启蒙读本等苏

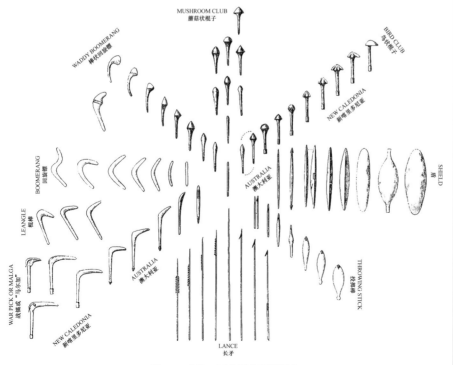

图 2-3　皮特·里弗斯的武器研究

联规划文献中，摩尔根的易洛魁长屋更是被作为当时苏联现代主义住宅提案的历史先例而提及 [4]48-50。这些研究的开展，与 19 世纪晚期诸多旧石器时代遗址的发现不无关系（图 2-4），而且其中的一些也如人们所愿地为摩尔根的蒙昧阶段和母系氏族制生活提供了证据 [9]。正如布赫利（Victor Buchli）评论的那样，乡土研究被国族建设之大业所关注，因为这可以"构建共同的民族之过往，进而造就共同的民族之未来"，"是马克思单系进化论理念之下更广泛的政治与社会议题的其中一部分 ①"。

不过在其他西方国家，文化进化论并没有像在前苏联那样，将其强烈的影响力持续到 20 世纪。随着文化传播学派、博厄斯学派等的逐渐兴起，文化进化论在 20 世纪初期遭到了颇多批判，尤其是博厄斯针对种族歧视问题而进行的一系列论述，使得文化相对论的地位日益强势，给文化进化论造成了强烈的打击。1901 年

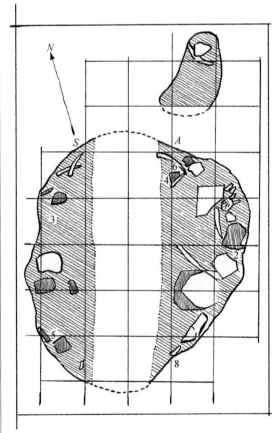

图 2-4　加加林诺旧石器时代晚期住宅

———————————

① "to constitute a common national past and thereby forge a common national future", "as part of a wider political and social agenda sustained by Marxian notions of unilineal evolutionism."

在《弗莱彻建筑史》一书中出现的"建筑之树"，或许就可以看作 19 世纪古典进化论在物质文化研究中的尾声了。该书在 1901 年的第四版中，除了埃及、希腊、罗马、中世纪、文艺复兴等西方建筑的内容外，也收入了印度、中国、日本、中美洲及伊斯兰世界的非欧洲建筑，并将前者定义为"历史性风格"、后者定义为"非历史性风格"，绘制了著名的"建筑之树"图解（图 2-5）。这种建筑谱系的构建，与进化论盛行之时语言学家奥古斯都·施莱歇尔（August Schleicher）的语言谱系之构建（图 2-6）可谓是遥相呼应[13]。

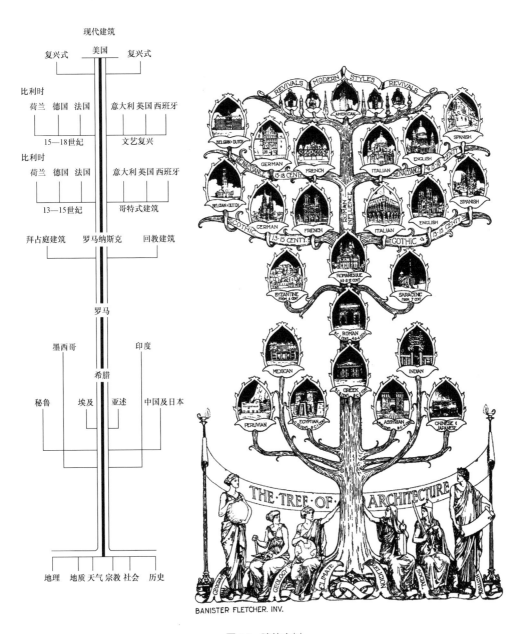

图 2-5　建筑之树

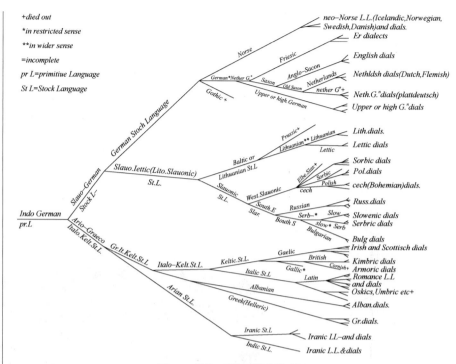

图 2-6　印度 - 日耳曼语言谱系图

2.3　进化论的复兴与乡土建筑研究

2.3.1　文化进化论的复兴

　　20 世纪初期遭到批判的文化进化论，在世纪中期迎来了复兴。1958 年，美国人类学界举行了一次隆重的研讨会，纪念达尔文《物种起源》发表 100 周年，在进化论批判中曾是众矢之的的摩尔根又重新被尊为美国文化人类学之父。19 世纪古典的单系进化论，在 20 世纪得到了摩尔根后辈们的完善，再一次成为文化人类学的重要思想。

　　对于文化进化论在 20 世纪中期的复兴而言，莱斯利·怀特（Leslie White）

起到了极大的作用。怀特因为摩尔根研究过的易洛魁印第安人而开始受到其进化论思想的影响，并对其进行了进一步的发展，他的理论被称为新进化论或是普遍进化论①。

怀特认为，世界是由三个领域组成的：无生命现象构成的物理领域、有机体现象构成的生物领域，以及符号使用构成的文化领域（如思想、信念、习俗、制度等）。而文化领域的存在，是人和其他动物之间的根本区别。与摩尔根类似，怀特也认为人类的文化有其自身产生、运行、发展的规律。比如，在文化的进步中，发现和发明是有一定的必然性的。他搜集了大量的例证，指出人类历史中存在着许多同时独立发生的发现和发明，试图以此来证明当文化发展到一定程度的时候，这些进步就一定会发生，这是文化发展自身的规律所决定的。就已知的人类历史而言，怀特把文化的进化历史分为了四个主要阶段，并以能量的利用方式作为主要的划分标志：第一个阶段是依靠自身体力的阶段，如狩猎、采集等，对应的是"原始共产制"社会；第二个是把太阳能转化为可供人类利用的能量的阶段，如栽培作物、驯养动物等，对应的是古代文明社会；第三个是利用煤炭、石油类资源获得能量的阶段，对应的是现代工业社会；第四个是利用核能的阶段，当时还仍然是小范围内的行为。怀特认为，人类历史的事实证明了他的这种划分，每一次重大的文明进步都是与新能源的发现和利用有关的；他甚至提出了文化发展的公式"C=ET"②，来更加科学地评估文化进化的程度。与摩尔根不同的是，怀特修正了19世纪古典进化论的单系结构。他把文化划分为技术、社会和思想意识三个亚系统，三者处于不同的层次。技术系统包括生产生活的基本手段，是文化的基础；社会系统包括各类制度组织，处于中间；思想意识系统包括语言、信念、哲学等，处于最上层。其中技术对文化是决定性的，社会系统受技术系统决定，思想意识系统则表达技术系统、反映社会系统。只有通过技术手段，能量的发现和利用才能进步，文化才能够向前进化[14]。

与怀特约略同时，朱利安·斯图尔特（Julian Steward）从另一个角度发展了摩尔根的理论。较之于单线进化论，他更提倡多线进化论。他认为，文化发展与生态环境是密不可分的，在相似的环境条件下，文化会沿着相似的道路发展，不同的环境则会造就不同的文化及发展道路[15]。由于世界的生态环境十分多样，因此世界上的文化形态和发展道路也是多种多样的。斯图尔特以秘鲁、中美洲、埃

① 以和进化论复兴中的其他理论区分开，而"新进化论"则成为这一系列理论的统称。
② C代表文化（Culture），E代表人均每年利用的能量（Energy），T代表开发利用能源的技术（Technology）。

及、美索不达米亚和中国这五个古代文明为例，阐述了他的理论。这五个文明各自独立发展，但是都经历了相似的发展顺序和阶段，即狩猎和采集、雏形农业、国家的逐步形成、地方性的国家繁荣、初期帝国、黑暗时期、反复的帝国征服、铁器时代、工业革命。斯图尔特认为，这种相似性的原因就是生态环境的相似性，这几个地区都是干燥和半干燥地区，雨水带来了易于耕种的土地和农业的发展，进而带来了人口的增长，而干燥又促成了水利技术的发展。这一理论着重于强调生态环境、有机体和文化之间的关系，后来成为文化生态学的发端。

总之，20 世纪的这些理论以不同的方式发展了古典进化论，使其更加完善，可以更好地解释世界上的文化现象，促成了进化论的复兴。但是不论如何完善，有一些根本性的观点仍然并未改变。第一，它们都以唯物论为哲学基础，认同巴斯蒂安提出的人类心理存在普遍一致性的观点，因此认为在不同的文化之中总存在着一些共同的规律和普遍性，今日此处之社会总能在某一方面类比过去彼处之社会。第二，物质技术是决定社会发展最基础的内容，因而也是判断社会发展阶段最重要的依据。

2.3.2 20 世纪中后期的乡土建筑研究

正如在 19 世纪所发生的那样，文化进化论在 20 世纪中期的复兴也大大促进了物质文化的研究，以此来描述不同族群的社会文化发展水平，并类比过去的情况。例如，路易斯·宾福德（Lewis Binford）对努那缪提社会进行的研究，在整体空间环境中对各种物质对象及其空间分布与流动进行了不厌其烦的记录和阐释，以描述文化进化过程中对环境的适应 [16]。建筑在物质文化研究中一直是十分重要的对象，早在西方殖民扩张时期，建筑在针对各种初民社会的考察报告中就是当地社会文化描写中的常见内容。在 20 世纪的这次物质文化研究的复兴中，建筑依然扮演了重要的角色，因为"所有的建筑形式都源自一种共同的思想，继而展示了某些共同理念的不同发展阶段，来应对共同的需求 ①" [2] xxiii。本文开篇所提到的，20 世纪 60 年代乡土建筑在西方世界所掀起的潮流，或许就可以从这一文化观的转向得到一定程度的解释。

对于人类心理一致性的信奉，在 20 世纪又一次导致了建筑研究对语言研究的呼应——作为人类的文化现象，它们都是人类意识的外在表达，从中应该可以

---

① "All the forms of this architecture sprang from a common mind, and exhibit, as a consequence, different stages of development of the same conceptions, operating upon similar necessities."

找到人类心智的普遍规律。在 19 世纪，将进化论观点运用到语言学研究的是历史比较语言学的研究者们，他们收集世界各地的语言进行比较和分类，建立共同的源语言，探索语言演变发展的普遍规律。其代表人物施莱歇尔很明确地认为，语言是一种自然有机体，根据确定的规律成长起来；在不断分化的过程中，语言也和生物一样形成谱系（图 2-6），其中高度发达的类型经过生存竞争而保存下来[13]。如前文所述，类似的谱系构建在"建筑之树"中得到了呼应。而在 20 世纪，试图探索人类语言之普遍性的是结构主义语言学，其代表人物是费迪南·德·索绪尔（Ferdinand de Saussure），他认为人类的语言在许多方面存在着诸多普遍现象，反映出某种内在的共同结构。这一理论在 20 世纪六七十年代影响甚广，影响到了诸多文化现象的研究。就乡土建筑的研究而言，皮埃尔·布迪厄（Pierre Bourdieu）在结构主义人类学家列维 - 斯特劳斯影响下所完成的卡拜尔民居研究[17]，以及亨利·格拉西（Henry Glassie）完成的弗吉尼亚民居研究（图 2-7）[18]，都是非常典型的代表。关于这条脉络，本书将在第 05 章中详细展开，此处不再赘述。

除此之外，这种对于人类心理一致性和普遍性的讨论，也出现在拉普普特的论述中——尽管他并未明确地抱持进化论立场。在解释为什么要在这样一个飞速变化的时代去研究原始的、前工业时代的建筑形式时，他回答是因为这些房屋不仅表达了多样性，也表达了某些恒常性的因素，有许多东西从遥远的过去一致延伸到了现在。他声称，他想要去鉴别那些"看起来极具普遍性的东西，并且在不同的语境中去考察它们，以最好地去理解到底是什么影响了住宅的形式"，而通过对多种建筑形式的跨文化比较研究，对这些具有普遍性的特征加以关注，"可以提供一种洞察力，以更好地理解设计过程中遮蔽所和'住居'的本质，以及'基本需求'的含义"[3]12, 17。

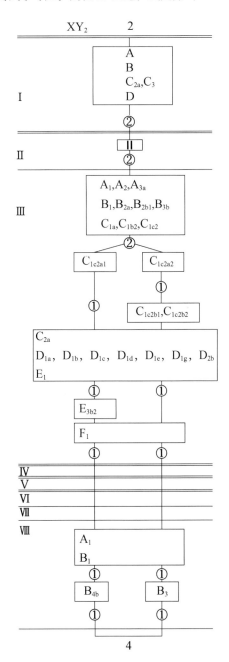

图 2-7 弗吉尼亚民居的演化谱系

　　把物质技术作为社会发展阶段之标志的取向，也有力地推动了乡土建筑的研究。建筑是物质文化中重要的组成部分，而乡土建筑作为世界各地的地方性社会中数量众多、形式复杂的一类人工制品，成为论证文化发展阶段、构建甚至推演文化谱系的重要手段。这其中最具代表性的一个例子当属苏珊·肯特（Susan Kent）的空间隔离度研究，它十分明显地体现出了摩尔根进化论的影响。在住宅与空间使用的研究中，肯特认为社会的复杂性决定了空间与建成环境组织的隔离度，"当一个社会在社会—政治上变得更加复杂时，它的文化、行为或空间使用方式以及文化物质或建筑就会变得更加隔离①"。她从摩尔根的社会发展七阶段中选取了五个，把73个不同的社会根据社会政治的复杂性分类归入其中、依序排列，再依次考察其空间使用和建筑的隔离程度（表2-2），以这个模型论证了"一个人群如何组织其文化决定了他们如何组织对空间和建成环境的使用②"。肯特认为，跨文化分析可以提取出文化普遍性进程的特征，再通过阐明文化、空间使用和建筑三者间的关系，就可以推定过去和将来人们对空间和建成环境的使用方式。这不仅有助于更好地解读过去的建筑形式，而且可以发展出一套空间理论、引导未来的建筑形式，使其更符合人们的需求[20]。这一观点与拉普普特是一致的，后者在讨论了文化、气候、技术对住宅形式的多方面影响后，也同样得出了其他因素只能起到限定作用、文化才是最终决定住宅形式的关键性因素这一结论。

表2-2　苏珊·肯特的社会隔离度分析

Society 社会	Segmented use of space[a] 空间的隔离使用[a]					Segmented architecture[b] 隔离的建筑[b]				
	Little 低	→	Some 中	→	Much 高	Little 低	→	Some 中	→	Much 高
Category I 类型一										
Baserwa	X					X				
Mbutl Pygmy	X					X				
Hare Athapaskan	X					X				
Hadza	X					X				
Yahgan	X					X				
Agta	X					X				

① "That as a society becomes more socio-politically complex, its culture, behavior or use of space, and cultural material or architecture become more segmented."

② "how a group organises its culture determines how it organizes its use of space and its built environment."

续表

Society 社会	Segmented use of space[a] 空间的隔离使用 [a]					Segmented architecture[b] 隔离的建筑 [b]				
	Little 低	→	Some 中	→	Much 高	Little 低	→	Some 中	→	Much 高
Category Ⅱ 类型二										
Navajo	X					X				
Zuni		X						X		
Maricopa		X						X		
Chemehuevi		X						X		
Pomo		X						X		
Copper Inuit		X						X		
Blackfoot		X						X		
Omaha		X						X		
Mandan		X						X		
Jivaro		X						X		
Tucano		X						X		
Yanoama		X						X		
Tukanoan		X						X		
Iban		X						X		
Fang		X						X		
Dorobo		X						X		
Maasi		X						X		
Uchamus	X							X		
Category Ⅲ 类型三										
Kapauku			X					X		
Mount Hagen			X					X		
Pawnee			X						X	
Iroquois			X					X		
Ainu			X					X		
Ibo			X						X	
Tiv			X						X	
Tallensi			X						X	
Ila			X						X	
Kikuyu			X						X	
Category Ⅳ 类型四										
Tikopia			X						X	
Aunta			X						X	

续表

Society 社会	Segmented use of space[a] 空间的隔离使用 [a]					Segmented architecture[b] 隔离的建筑 [b]				
	Little 低	→	Some 中	→	Much 高	Little 低	→	Some 中	→	Much 高
Fiji			X					X		
Truk			X					X		
Yap			X					X		
Nootka			X					X		
Tlingit			X					X		
Cuna			X					X		
sedentary Somali			X					X		
Tswana			X					X		
Bhil			X					X		

Category Ⅴ

类型五

Society 社会	Little 低	→	Some 中	→	Much 高	Little 低	→	Some 中	→	Much 高
China					X					X
Manchu					X					X
Akha					X			X		
Japan					X			X		
Burma					X			X		
Nepal					X			X		
Soviet Union					X			X		
Eastern Europe					X			X		
Greece					X			X		
Turkey					X			X		
Iran					X			X		
Iraq					X			X		
Western Europe (Portugal, Ireland, France)					X					X
Euroamerican					X					X
Sri Lanka					X					X
Java					X					X
Bali					X					X
Maya					X			X		
Tarasca					X			X		
Saudi Arabia					X					X
Wolof					X					X
Hausa					X					X
Zaria					X					X

续表

Society 社会	Segmented use of space [a] 空间的隔离使用 [a]					Segmented architecture [b] 隔离的建筑 [b]				
	Little 低	→	Some 中	→	Much 高	Little 低	→	Some 中	→	Much 高
Marrakesh					X					X
Mossi					X					X
Yoruba					X					X
Azande					X					X
Rundi					X					X
Zulu (and Ngoni)					X					X

a Measured in terms of the relative frequency of monofunctional and gender-specific activity areas.

b Measured in terms of relative frequency of partitions and/or separate structures, the latter including separate public, religious, commercial, and habitation buildings as well as monofunctional cook, visitor, and storage huts.

来源：据文献 [20] 绘制。

20 世纪中后期乡土建筑研究的盛行，除了受到进化论思想复兴的推动外，无疑也是与多方面因素有关的。譬如，伴随着两次世界大战后各国大规模的社会经济重建和人口的大幅增长，住宅成为一个重要的议题，而乡土建筑似乎是一个为人们提供过去历史中居住智慧的重要来源。再如，在进化论思想式微的 20 世纪上半叶，建筑学人却并未抛开乡土建筑。乡土建筑对功能性、实用性的忠诚态度，与现代主义建筑"形式追随功能"的思想与颇为契合，因而得到了一些建筑师的关注。勒·柯布西耶（Le Corbusier）在 20 世纪初期中欧、南欧的旅行中，就调查和记录了诸多不同地方的乡土建筑，并将其中的经验吸收到其建筑创作之中 [20]；阿道夫·麦克斯·沃格特（Adolf Max Vogt）在对他的评述中认为，这些经历影响到了柯布西耶现代语汇中的基本单元——"细胞"（Cellule）这一设想的形成 [21]。而瓦尔特·格罗皮乌斯（Walter Gropius）、丹下健三（KenzoTange）等多位现代主义建筑师，则是"没有建筑师的建筑"这场展览得以实现的重要支持者。

总体来说，纵览这一时期的乡土建筑研究，"化石隐喻"这一思维范式的主导性地位是十分明显的。就像奇克森特米哈伊（Csikszentmihalyi）和罗奇伯格 - 霍尔顿（Rochberg-Halton）所说的那样："如同一些奇怪的文化软体动物一样，人类根据自己的本质来建造家屋，用一个外壳来容纳自己的个体特征 [22]。"在这样的范式下，住宅就像化石一样，成了一种可供解剖的实证，可以根据其材料和结构形式进行排列、检视、比较和解读。

2.4 "化石"范式的批判与反思

不可否认，由进化论思想而形成的"化石隐喻"这一思维范式在 20 世纪中后期极大地推动了包括建筑在内的物质文化研究的发展，并且与结构主义、马克思主义等相关理论一起，共同赋予了这些研究明显的"系统性"特征。而与此同时，对这一范式的批判与反思也在逐渐开展。

例如，一旦认定人类心理的一致性，社会结构或集体意识就成了外在于个人行动的物质文化的决定因素，这一观点遭到了注重个体实践的理论流派的质疑。20 世纪 60 年代，文化生态学与象征 / 阐释人类学之间的争论就是一个鲜明的体现。象征 / 阐释人类学学派的代表人物之一——克利福德·格尔茨（Clifford Geertz）强调，要以行动者的角度去看待文化，文化的逻辑，即文化要素之间的关系准则，是以人的行动为基础的；这个学派的另一位代表人物——维克多·特纳（Victor Turner），则十分重视仪式过程的研究，解读其对于行动者身份转化、冲突化解等方面的作用。于是，在文化生态学家看来，象征人类学家是一群唯心主义者，热衷于不科学和无法证实的主观解释；而在象征人类学家看来，文化生态学家们则是一群经验主义者，缺乏想象力，妄图离开主体来研究客体 [23]。另外，现象学的兴起也同样有力地促进了对行动者维度的强调。关于这一点，本书将在第 06 章中再展开论述。

另外，物质技术的确可以反映社会文化的状态，但它不见得全然是如化石一般静止，唯一地对应着某个确定的社会发展阶段，也可以具有更加丰富的层次。在与文化进化论过从甚密的考古学中出现的"羊皮纸"（Palimpsest）范式，就体现出了对"化石"范式单一性和静态性的反思。尤其是对于新石器时代定居农业建立之后的对象来说，物质空间不再仅仅被加以民族志"快照"式的解读，而是从一种长时段视角出发，条分缕析、层层剥茧，去关注建筑随着时间流逝而不断变化的物质呈现方式。例如，杜尚·博里克（Dusan Boric）对石器时代的遗址勒盘斯基维尔（Lepenski Vir）的研究，就将基地看作被反复书写的羊皮纸，对建筑形式提供了一种情境式的、阐释性的事实。在基地上，居住的群体不断地引用过去建筑物留下的物质痕迹，并重复过去的行为和形式来实现"集体的怀旧"，原先房屋的炉灶在后来的房屋中又被重新建造，新旧房屋不断叠加，"新的房屋通过部分或全部地覆盖过去的房屋、或者穿过旧的房屋而实体性地'触及'到它们"。他认为，新建筑通过对旧建筑进行覆盖而与之产生联系，"一座房屋的建筑部分可以被看作是一个集体性的、与祖先相关的整体的一部分，它体现了在谱系和社会关系上与过去的联系。这些不断累积的传记，让房屋实体变得有血有肉，更加有力①" [24]。此外，露丝·特林翰（Ruth Tringham）对欧洲"焚屋区域"（Burned House Horizon）的论述也同样体现了这种历时性的视角 [25]。欧洲东南部和近东地区新石器时代的房屋普遍用黏土建造，并且存在着一种很特殊的现象，就是房屋在到达使用寿命的终点时通常会被焚烧，这种现象延续了很久，因此这片区域也被称为"焚屋区域"。黏土极具延展性、数量丰富，随时可以取用，但经过烧制后又转换成一种坚固的材料，被永久地保存了下来。起先，这些被焚烧的房屋被认为是意外失火或是因为社会矛盾而被人为纵火，但是特林翰认定，这些房屋是居住者刻意焚毁的："有意识的焚烧行为是为了标志户主的死亡，从而象征一个家庭循环周期的终结，实际上就是'杀死'了房子。村民们会意识到这些基地是史前时期的，他们每日接触这些被烧过的瓦砾、碎陶、石器，耕作着他们的土地，不断地接触到这些遗存，从而形成一种持续的记忆，他们似乎已经把这些地点作为村落社会集体记忆的一部分了"。被焚烧而永久保存下来的黏土房屋参与到当代村民的日常生活中，不断涌现，层层叠叠地书写着过去的历史，成为村落社会集体记忆的一部分。

可以看到，不论是象征人类学、现象学，还是考古学的"羊皮纸"范式，都对"化石"比喻形成了行动性、阐释性、历时性方面的补充，他们共同构成了广泛的视角，为乡土建筑提供了更加完善的解读。

参考文献

[1] BERNARD RUDOFSKY. Architecture Without Architects：A Short Introduction to Non-pedigreed Architecture[M]. New York：Doubleday，1964.

[2] LEWIS HENRY MORGAN. Houses and House-life of the American Aborigines[M]. Chicago：University of Chicago Press，1965.

[3] AMOS RAPOPORT. House form and culture[M]. London：Prentice-Hall,Inc. Englewood Cliffs,N.J. 1969：1-17.

[4] VICTOR BUCHLI. An anthropology of Architecture[M]. London：Bloomsbury，2013.

---

① "Thus architectural parts of a house can be seen as parts of a collective or ancestral body, which embodies genealogical and social links to the past. These accumulated biographies enrich and enhance the potency of a houses physicality."

[5] A.C. 哈登 . 人类学史 [M]. 济南：山东人民出版社，1988：54-55.

[6] 夏建中 . 文化人类学理论学派——文化研究的历史 [M]. 北京：中国人民大学出版社，1997：16-19.

[7] 泰勒 . 原始文化 [M]. 蔡江浓，译 . 杭州：浙江人民出版社，1988：1.

[8] 路易斯·亨利·摩尔根 . 古代社会 [M]. 杨东莼，等译 . 北京：商务印书馆，1977.

[9] JON ELSTER. An introduction to Karl Marx[M]. Cambridge ：Cambridge University Press,1986：78.

[10] PITT RIVERS. On the Evolution of Culture[J]. Proceedings of the Royal Institute of Great Britain. 1875，7：496-520.

[11] PITT RIVERS. Primitive Warfare[J]. Journal of United Services Institute Ⅱ . 1867：612-643.

[12] VICTOR BUCHLI. Constructing Utopian Sexualities：The Archaeology and Architecture of the Early Soviet State//Robert A. Schmidt and Barbara L. Voss，ed. Archaeologies of Sexuality[M]. Florence：Taylor and Francis，2005：236-249.

[13] KONRAD KOERNER，et al. Linguistics and Evolutionary Theory：Three Essays. Amsterdam：John Benjamins Publishing Company,1983：1-72.

[14] LESLIE A WHITE. The Evolution of Culture：The Development of Civilization to the Fall of Rome[M]. New York：McGraw-Hill，1959.

[15] JULIAN H STEWARD. Theory of Culture Change：The Methodology of Multilinear Evolution[M]. Urbana：University of Illinois Press，1955.

[16] LEWIS BINFORD. Nunamiut Ethnoarchaeology[M]. New York：Academic Press，1978.

[17] PIERRE BOURDIEU. Algeria 1960：Essays by Pierre Bourdieu[M]. Cambridge：Cambridge University Press，1979：133-153.

[18] HENRY GLASSIE. Folk Housing in Middle Virginia：A Structural analysis of Historic Artifacts [M]. Knoxville：University of Tennessee Press，1975.

[19] SUSAN KENT. Domestic Architecture and the Use of Space：An Interdisciplinary Cross-Cultural Study [M]. Cambridge：Cambridge University Press，1993：127-152.

[20] 勒·柯布西耶 . 东方游记的风土命题与现代启示 [M]. 管筱明，译 . 上海：上海人民出版社，2007.

[21] ADOLF MAX VOGT. Le Corbusier，the Noble Savage[M]. Cambridge：MIT Press，2000：216.

[22] MIHALY CSIKSZENTMIHALYI，EUGENE ROCHBERG-HALTON. The Meaning of Things：Domestic Symbols and the Self. Cambridge：Cambridge University Press，1981：138.

[23] 谢丽·奥特纳 . 20 世纪下半叶的欧美人类学理论 [J]. 何国强，译 . 青海民族研究，2010，2(21)：19-37.

[24] DUSAN BORIC. "Deep Time" Metaphor：Mnemonic and Apotropaic Practice at Lepenski Vir[J]. Journal of Social Archaeology，2003，3(1)：46-74.

[25] RUTH TRINGHAM. The Continuous House：A View from the Deep Past. // Rosemary Joyce and Susan Gillespie eds. Beyond Kinship：Social and Material Reproduction in House Societies[M]. Philadelphia：University of Pennsylvania Press，2000.

03

各美其美：
文化与建筑的多样性

3.1 引言：文化的多样性

　　从现象上而言，世界上过去和现在存在的人类文化的面貌是极其多样的。不同的人群，从语言、服饰、建筑到社会组织、道德观念、精神信仰，都存在着各种各样的差异（图 3-1）。但是从价值判断上而言，各种文化之间究竟是仅仅彼此不同而地位平等呢，还是有优劣之分？我们能不能给文化贴上"高级"或"次级"的标签，鼓励所有的文化向"高级"的方向去发展，甚至用"高级"的文化去取代"次级"的文化呢？就前景而言，到底是多样性的文化还是大一统的文化更有利于人类长远的发展？

　　就当代世界而言，维护文化的多样性显然是更为主导的立场。21 世纪初，联合国教科文组织通过的《教科文组织世界文化多样性宣言》（UNESCO Universal Declaration on Cultural Diversity，下文简称《宣言》）和《保护和促进文化表现形式多样性公约》（Convention on the Protection and Promotion of the Diversity of

（a）　　　　　　　　　　　　　（b）
（c）　　　　　　　　　　　　　（d）

图 3-1　多样的文化形态
（a）印度伊斯兰教徒的祈祷；（b）西班牙的当代城市生活；
（c）西藏佛教信众的叩拜；（d）贵州苗族的婚礼

Cultural Expressions，下文简称《公约》）（图 3-2）这两份国际文件就明确地表达了世界各国对于文化多样性及其保护和促进工作的重视 [1][2]。联合国关于文化多样性议题的讨论，从 20 世纪晚期便已经开始酝酿。《宣言》中提到了三次为宣言提供重要前期基础的会议，文化政策世界会议（World Conference on Cultural Policies）、文化与发展世界委员会之我们创造的多样性（World Commission on Culture and Development Our Creative Diversity），以及关于发展的文化政策之政府间会议（Intergovernmental Conference on Cultural Policies for Development），分别是在 1982 年、1995 年、1998 年召开的。1999 年 11 月，在全球化世界中的文化与创造性（Culture and Creativity in a Globalized World）圆桌会议上，各国文化部长发起了一个议程，提出应该形成一份具有法律效力的国际文件，来推动和保障各国为保护文化多样性制定政策与采取措施，《宣言》自此之后开始起草，并于 2001 年 11 月在巴黎的 31 届全体大会上通过；2003 年起，又开始协商《公约》，并在 2005 年 10 月正式通过，2007 年 5 月开始正式实施 [3]。这两份文件对文化多样性的概念、意义进行了系统性的说明。

首先，就"文化"的含义，《宣言》将其定义为"某个社会或某个社会群体特有的精神与物质，智力与情感方面的不同特点之总和；除了文学和艺术外，文化还包括生活方式、共处的方式、价值观体系、传统和信仰。"其次，就"文化多样

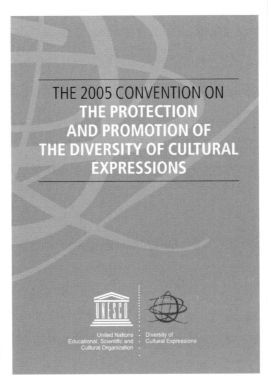

图 3-2　保护和促进文化表现形式多样性公约

性"的含义，《宣言》提到："文化在不同的时代和不同的地方具有各种不同的表现形式。这种多样性的具体表现是构成人类的各群体和各社会的特性所具有的独特性和多样化。"这种多样性是"交流、革新和创作的源泉"，是"人类的共同遗产"，"对人类来讲就像生物多样性对维持生物平衡那样必不可少"；而且，这种多样性"增加了每个人的选择机会；它是发展的源泉之一，它不仅是促进经济增长的因素，而且还是享有令人满意的智力、情感、道德精神生活的手段。"之后，《宣言》从与文化多样性密切相关的几个方面——人权、创作和国际团结——对这一概念进行了展开论述，并且提出了保护和开发利用自然和文化遗产、尊重和保护传统知识等 20 条具体的行动计划要点。

联合国关于文化多样性的讨论和宣言、协议等文件的发布有着多方面的国际背景。例如，全球化背景下经济活动中自由贸易与文化例外的冲突，可持续发展理念的普及与生物多样性的启示等。然而从学理上讲，文化人类学对于文化多样性这一概念的建立和发展起到了非常重要的建设作用。从 19 世纪末起，文化人类学家们就开始逐步建立起应当平等看待并尊重多元文化的理念，其中历史特殊论学派、文化与人格学派，以及阐释人类学等学派都作出了极大的贡献。这一理念，对于地方性建筑的研究和地域性建筑的创作，起到了有力的推动作用。

3.2　探"异"的人类学

3.2.1　博厄斯与文化相对论

第 02 章提到，在文化人类学这个学科发端的 19 世纪下半叶，占据学科主导地位的是以摩尔根等学者为代表的古典文化进化论学派。而从 19 世纪末、20 世纪初开始，这一主导地位发生了明显的动摇，对其造成了强有力挑战之一的就是以美国人类学家弗朗兹·博厄斯（Franz Boas）为代表的历史特殊论学派。如果说，文化进化论学派孜孜不倦追求的目标是去发现人类文化中的普遍规律，即求"同"的话，历史特殊论学派关注的就是多样化的人类文化中每一种文化自身的特点，即探"异"。

博厄斯认为，文化是一定群体的习惯，个人对其生活的社会习惯的反映，以及由此而决定的人类活动，因此文化是有其地理范围的。他不赞同古典文化进化论关于文化进化普遍规律的说法，不认为世界各地的文化现象表现出了历史进化的统一性；同时也并不完全认同与文化进化论针锋相对的文化传播论——后者认为人类文化的变化发展应该归因到物质文化和习得行为从某个最初起源的社会传播到其他社会的过程，甚至有极端的学说认为人类所有的文化都是从埃及起源、经过不同程度的退化形成的。他认为，每一种文化都是各个社会独特的产物，其产生和发展有各自独特的历史轨迹，绝不能武断地把各种各样的文化塞到一个单系进化论的框架中去，通过筛选和拼贴素材来建构人类文化发展的普遍规律。他主张的做法是去重建每一种特定文化的发展道路，从而去理解和解释它，因此他的理论被称为"历史特殊论"。在研究方法上，他也称自己的方法是"历史性方法"，与文化进化论的"比较性方法"是相对立的："长期以来，比较性方法与历时性方法一直在互争长短……虽然比较性方法一直备受吹捧，但是我相信这种方法是徒劳和没有结果的。"相较之下，他认为历史性方法是一种"批判性的方法"，它"不仅建立在一般性的基础上，而且重视每一个文化案例"[4]。

博厄斯的学说中，一个根本性的立场就是文化相对论。当时，欧洲中心论、白人优越论等种族主义倾向的观点大行其道，美国人类学会主席威廉·米基（William McGee）甚至公开宣称共和制是世界上最先进的制度，所有文明都会走向共和制，就像父权制让位于等级制，等级制让位于君主制，君主制让位于共和制一样；而适应共和制生活的盎格鲁-撒克逊人，也拥有最强的血统和最优等的语言[5]。而博厄斯十分反对这些观点，他认为没有一种普遍的、绝对的评价标准去衡量所有文化，每种文化都有其自身的价值和独特之处，相互之间没有优劣高低之分。他倡导研究者们必须要摆脱自身文化评价体系的束缚，去研究每一种文化独特的发展历史，从而扩展对于人类世界的理解。

除了倡导理论观点之外，博厄斯也在《原始人的心智》和《人类学与现代生活》这两部著作中搜集和列举了大量事实和数据，通过具体的分析详尽地论证了自己的观点。在《原始人的心智》中，博厄斯先从体质角度驳斥了欧洲人种优势论的观点，论证了所谓"原始社会"中的人和现代文明中的人在智力特征并没有明显差异，然后又论证了人的种族生理特征与文化之间并没有密切联系，从而彻底切断了"种族存在生理差异——种族特征决定文化——文化优劣之分"这样的逻辑链条 [6]。在《人类学与现代生活》一书中，博厄斯又进一步从种族、民族主义、优生学、犯罪学、教育等角度驳斥了种族主义之下的一些错误观念，进一步强调了其历史特殊论和文化相对论的观点 [7]。

博厄斯的文化相对论，对种族歧视的观点和行为起到了强有力的批判作用，赢得了广泛的赞赏和拥护，博厄斯也因此拥有了很高的地位和影响力。他被追随者称为"美国人类学之父"，在 1907 年担任了美国人类学会主席，他和他的后继者们也被人称为"博厄斯学派"。

3.2.2 本尼迪克特与文化模式说

在博厄斯的学生中，露丝·本尼迪克特（Ruth Benedict）是最为杰出的学者之一。她因其 1946 年的著作《菊与刀》而闻名。在第二次世界大战之中，她受美国政府委托，展开了对日本人民族性格的研究，分析出了日本人性格中的矛盾性：一方面追求美、礼节、服从，另一方面又尚武、倔强、傲慢 [5]。这一研究的结果，对于美国在战争中及战争后应当如何处理日本的相关问题给出了建设性的政策建议，受到了很高的评价。不过在那之前，本尼迪克特主要的学术思想已经在《文化模式》一书中得到了系统性的阐述 [7]，可以说，这本书在她的学术成果中是更为基础性的。

在调查美国西南地区的普韦布洛印第安人部落时，本尼迪克特发现，这个地方的印第安人虽然没有被什么天然的屏障将他们与周围的印第安人隔离开来，但是他们却表现出和北美印第安人不一样的特征。他们显得更为节制和冷静，而不像其他印第安人那样开放与热情。这一发现使她意识到，文化的环境决定论、种族决定论是站不住脚的。此后，她又分析了博厄斯调查过的美国西北部的夸库特尔印第安人和新几内亚群岛的多布人，发现他们各自有着不同的群体性格，并使用了相应性格的古希腊神话人物来命名：普韦布洛人做事节制、善于合作，讨厌酗酒、特权等过度的行为，虽然重视宗教但反对狂欢式的祭祀，属于"阿波罗型"；夸库特尔人做事狂妄、爱出风头、崇拜野心、常用暴力，属于"酒神型"；而多布人则多疑、善妒、不讲信誉，被称为妄想型 [6]45-170。进而，本尼迪克特提出了她的"文化模式说"。她认为，文化就好比是一个民族的个性，代表了一群人的思想和行为模式。每种文化都有自己的特色，在个体的差异性中有其主流，使自身与其他文化区分开来。例如，同样是青春期的生理变化，在一种文化里是上天的赐福，在另一种文化里可能就是不洁的诅咒；同样的一种行为，在一种文化里是经济性的活动，在另一种文化里可能就是宗教性的活动。

与博厄斯一样，本尼迪克特同样认为个体的意识与行为是由他所处的文化决定的，而并非由种族因素先天决定："个体生活历史首先是适应由他的社区代代相传下来的生活模式和标准。从他出生之时起，他生于其中的风俗就在塑造着他的经验与行为。到他能说话时，他就成了自己文化的小小的创造物，而当他长大成人并能参与这种文化的活动时，其文化的习惯就是他的习惯，其文化的信仰就是他的信仰，其文化的不可能性亦就是他的不可能性 [6]2。"但同时，她也提及了一个群体中可能存在的特殊个体，这些个体可能会出现一定的与群体不同的倾向，并且不断发展，使其被群体中的其他成员当作特立独行的"异常者"。但是，在一种社会里被认为异常的行为，到了另一个社会里或许就十分正常，因此本尼迪克特主张，不论是在哪种社会，都应该对这些特殊的个体采取宽容的态度，允许个体之间存在差异，允许个体与群体的主流发生偏离。

可以说，作为博厄斯的学生，本尼迪克特较为全面地继承了其导师文化相对论的思想，不论对于不同的文化之间，还是对于文化内部不同的个体之间，她都主张要充分地包容和尊重其中的多样性。

3.2.3　格尔茨与地方性知识

第 02 章曾提到，在 20 世纪 60 年代，象征 / 阐释人类学与新文化进化论曾经有过非常直接的理念冲突。如果说文化进化论是求"同"的人类学，那么强调行动者个体实践之多样性的象征 / 阐释人类学也和历史特殊论学派类似，是探"异"的人类学。在这个学派中，克利福德·格尔茨是一位代表性的人物，他所提出的"地方性知识"（local knowledge）这一概念，在各类文化多样性研究中得到了广泛使用。

格尔茨将文化视为一张由人所编织的"意义之网"，认为文化研究的目的不应是寻求规律，而应是寻求意义的阐释。从他将自己 1973 年出版的人类学论文集命名为《文化的阐释》（The Interpretation of Cultures）这一点上，就足以看出他的观点。不过，格尔茨将文化作为文本来解读的做法与将文化现象作为符号来研究的结构主义学派不同，他并不追求找到某种文化"语法"的普遍规则，而是要去阐释"地方性知识"。

"地方性知识"这一概念，是格尔茨在长期的田野工作中提炼出来的。当他考察过多种不同地方的文化之后，他意识到除了自己一直以来接受并习以为常的西

方知识体系之外，还存在着许多本土的文化知识。例如巴厘人会按照出生的顺序给孩子起名，但却不是依次命名，而是以"四进制"间隔循环式命名，即老大和老五都会被叫作"头生的"，老二和老六都会被叫作"二生的"，以此类推。再如，许多民族的语言在描述本民族熟悉和重要的事物时会有极其丰富的词汇，例如爱斯基摩人对雪的称呼，哈努诺族对植物的称呼等，远远超过自以为优越的西方文明的所有语言。进而，他认为文化研究应当走向多元，此前进化论、结构主义等研究中的普遍性理论听起来已经显得"愈发空洞"，像"自大狂""不值得期盼"。格尔茨把基于普遍性理论所进行的研究称为"统合型"路径，即把人类思维理解为受法则支配的过程，是"脑袋里的思维"；把基于多样性理论所进行的研究称为"多元型"路径，即把人类思维理解为一种遵循文化规范、历史性建构的集体产物，是"世界中的思维"。而他所提倡的思维路径，显然是后者。他认为，人类学家应该从"试图通过将社会现象编制到巨大的因果网络之中来寻求解释"，转向"尝试透过将社会现象安置于当地人的认知架构之中以寻求解释"，即"对理解的理解"（the understanding of understanding）。他在《地方性知识》一书的导言中所说的这段话，或许可以当作对待文化多样性之态度的绝好陈述[10]：

"视他人与我们拥有同样的天性，只是最基本的礼貌。然而置身于他人之中来看我们自己，把自己视作人类因地制宜而创造的生活方式之中的一则地方性案例，只不过是众多案例中的一个案例、诸多世界中的一个世界，却是困难得多的一种境界。此种境界，正是心灵宽宏博大之所本，苟无此，则所谓客观性不过是自矜自满，而所谓包容性不过是伪装①。"

3.3　地方性建筑：常识与误识

既然不同的文化之间没有高低优劣之分，那么不同的建筑形式之间也是如此。

① 本段翻译参照了杨德睿 2016 年的中译本《地方知识》。

不同地方的人们用不同的方式去理解和解释世界，形成了不同的世界观和价值观；进而，他们在客观条件的约束下，面对多种多样的行动的可能性做出各自不同的选择，以不同的模式与自然和社会进行交互。这些选择受到多种因素的综合影响，也存在着一定的偶然性。环境、人群、选择的多样性造就了文化形态的多样性。一种文化但凡得以形成、延续，它就是一个适应于该地该人群的系统。同样地，不同地方的人们在面对居住需求时，也在客观条件的约束下以不同的方式去应对这些需求，进而发展出了不同的建筑传统。作为人类文化的一种重要的表达方式，建筑形式之间同样只有彼此差异，而没有高下之别，不能用某种统一的价值标准加以批判；一种建筑传统但凡得以形成、延续，也是其对应的人群在长期实践中形成的系统。因此，在面对不同的建筑时，也有必要保持开放和包容的姿态，在其所生长的文化语境之中去理解和阐释。这一节就试图用一些地方性建筑的例子，来说明不同文化中的人们对于建筑之观念的多样性。就像格尔茨所说，常识会因地而异，某种语境下默认的"常识"，在另一种语境下或许就会成为一种"误识"。

3.3.1 脆弱的必要性

如果站在一个现代文明人的立场，建筑应当坚固，似乎是毋庸置疑的标准，如果是一位建筑师，他可能还会引援"祖师爷"维特鲁威在《建筑十书》中提出的建筑三原则——坚固、实用、美观，来为自己辩护。但是在有些情况下，脆弱，也会成为建筑的一种必要属性。

居住在马达加斯加高海拔林区的扎菲玛尼瑞人（Zafimaniry）以其高超的木工技艺而闻名（图 3-3）。他们可以建造出十分坚固耐久、雕刻精美的建筑，以及各种木制的器物。但是如果观察他们的村落，会发现并不是所有的建筑都建造得那么坚固结实，有些房屋看起来颇为单薄（图 3-4）。不过，这在很大程度上并不是因为材料的限制或是工艺的差异，而是与其文化习俗相关的。在扎菲玛尼瑞人的社会里，夫妻结婚后并不会继承长辈的房屋，每一对夫妻必须建造自己的房屋并且终身与其相伴。在他们的语言中，询问一个人是否已婚的说法，就是问这个人是不是已经拥有了一栋带火塘的房子。如果没有房屋，那所谓的婚姻不过是一份看不见摸不着的合同而已。在他们的认知中，婚姻关系和房屋建筑构成了"婚姻"这个概念不可分割的一体两面，两者都是一个长期推进的过程。

于是，房屋的建造也成为婚姻的开始。当地人从很年轻的时候就会与他人发生性关系，当一对男女之间的关系变得比较稳定后，双方的父母会进行一个名为

"tapa sofina"的仪式，即相互确认两家孩子之间的关系；然后新郎和新娘会与父母一起再进行一个名为"tapa maso"的仪式，就完成了结婚的过程。在"tapa maso"的仪式前后，新郎会开始筹备建造一栋带火塘的房屋，作为两个人固定关系的表达，而这栋不可移动的房屋也使得夫妻关系更加稳固。整个社群都非常重视每一对夫妻婚姻的和谐（compatibility），其含义或者说判断标准不仅包括夫妻双方的融洽相处，也包括两人生育子女的数量。新婚夫妇如果没有孩子或只有一个孩子，他们的关系被认为是飘忽不定的；相应地，他们建造的第一个"版本"的住宅也并不坚固，可能仅仅使用粗糙的竹编做墙，可以穿透光线甚至视线，也阻隔不了屋里屋外之间的对话。随着两人不断诞下子嗣，婚姻关系不断地稳固起来，建筑构件也被不断地巩固加强，比如逐渐用木板代替竹编等。这个过程通常由丈夫和妻舅（male wife）一起完成，人们把个过程称为住宅得到了其"骨骼"（hardening it with bones）。随着婚姻的不断稳固和房屋的不断完善，建筑上的装饰也逐渐开始增加，人们会使用精心挑选的硬木施以雕刻，用纹样精美、工艺精制的木雕装饰房屋。但是，这些精美的纹样并没有特殊的含义，真正的象征意义在于材料本身：由于硬木雕刻起来十分困难，因此材料的选择就体现了夫妻关系的坚不可摧。由此可见，在扎菲玛尼瑞人的文化中，人们并不追求竭尽全力把房屋造得越坚固越好；从一个相对"脆弱"的状态开始，在漫长的过程中逐渐变得坚固，是一栋建筑和一个家庭必须要经历的过程[11]。

此外，建筑必要的"脆弱"也在更多的例子中得到体现。例如，在克里斯丁·赫利维尔（Christine Helliwell）所调查的婆罗洲建筑中[12]。当地的达雅克人（Dayak）居住在公共的长屋中，每个家庭拥有一个空间单元。她发现单元之间的隔墙单薄和充满孔隙，对于注重私密的西方人来说是难以理解的。但是对于当地人来说，这种"弱分隔"却可以让邻里之间能注意到彼此的异常，并在恰当的时

图3-3　扎菲玛尼瑞人的木雕工艺　　　　　图3-4　扎菲玛尼瑞人的建筑

候给予调解和帮助。正是脆弱的墙体才营造了良好的邻里关系与集体化的生活氛围。再如，我国西南地区的纳西族传统建筑，因为历史悠久、形制优美、留存完好、数量众多、营造技艺活态传承而颇受建筑历史、传统民居领域的研究者们关注。尤其是丽江在 1986 年被列为国家级历史文化名城，大研、束河、白沙三个古镇在 1997 年被列入世界文化遗产名录之后更是闻名遐迩。但是如果去观察其营造过程，也会发现人们刻意地保持了一些节点的脆弱性[13]。譬如说，纳西族建筑的用料较为粗壮，尤其是房屋前廊的"厦柱①"彰显了家户的气度和实力，直径甚至可以超过 30 厘米。但是无论用料多大，厦柱的柱脚是没有固定的节点处理的，不仅厦柱和厦柱之间、厦柱和京柱之间没有"地脚②"相连，而且房屋中所有柱子的柱脚与柱础之间都没有榫卯连接，在营造过程中，甚至可以看到许多柱子柱脚悬空，或是只用些碎砖石块草草垫起（图 3-5）。这种节点的处理，是为了应对当地多发的地震，一旦震动发生，"脆弱"的柱脚节点可以让整栋房屋整体发生位移，而不会因为与基础过强的连接导致结构损坏；如果震动强烈，那么半室外的"厦子"是被允许先损坏以保全主体的③。纳西族的工匠，可以说深谙"刚者易折"的道理。

图 3-5　纳西族建筑的柱脚处理

3.3.2　平凡的意义

与"坚固"类似，"恢宏"似乎也是今天许多人评价好建筑的重要标准。翻开

---

① 纳西族习惯将房屋一层宽大的前廊称为"厦子"，是家庭日常起居、生活劳作的重要场所，因此前檐柱也被称为"厦柱"。

② 即柱脚之间起到连接作用的横向构件，类似于官式古建筑中的地栿，纳西族建筑有时会在京柱、中柱间使用，但未见在檐柱上使用。

③ 尤其是在传统的"骑楼"类构架中，作为前廊的"厦子"在结构上较房屋室内部分的主体而言是相对独立的，万一损坏修缮起来也相对容易。

建筑史书，宫殿庙宇、教堂神殿才是历史的主角。然而，也并非所有人都偏好于恢宏的建筑，平淡普通的建筑在一些文化中也具有重要的意义。

在马来西亚的兰卡威（Langkawi），当地所有的亲属关系都是和房屋建筑密切联系的。只有相互之间是亲属，才能把各自的房屋建在一块宅基地上，这意味着其居住者相互之间的密切关系和频繁来往，共享土地、水井等资源和部分食物资源。不过，这里的人们却将房屋建得普普通通，各个组成部分都是临时性的，相互之间的连接也并不紧密。这并不是因为人们没有资源或技术把房屋建造得更加富丽堂皇，而是刻意为之，因为他们随时可能加建、改造，例如把房屋的某个部分拆下来搬到另一个地方，或者和别的房屋的某个部分连接在一起（图3-6）。这一活动，在当地的社会中具有重要的意义。

在兰卡威，亲属关系是通过旁系同胞关系为核心来组织的，"亲属"一词对应的用语就来自"旁系亲属"一词对应的用语。如果两个人要搞清楚相互之间的亲戚关系，总会追溯到某一代互为同胞的祖先，于是两个人就是某种程度的表亲，这种表亲关系可以不停推演蔓延、把全村人连在一起。就连初生的婴儿，随之降生的胎盘也是其象征性的同胞，要由父亲埋葬在房屋附近。基于这种亲属关系的组织方式，夫妻关系在理论上也被归为一种类似同胞的关系。但是，由于这种关系的特殊性，人们认为它有可能会在遗产继承等问题上威胁到原生家庭同胞关系的和谐，因此形成了夫妇结婚之后逐渐从原生家庭的同胞关系中独立出来的习俗。这种独立关系的第一步，往往从在原生家庭的房屋上加建房间开始，然后随着家庭的不断发展而进一步变化。例如，一对夫妇有了一个孩子以后就可以有新的房屋，并且有一个独立的灶①，真正成为一个经济单元了。新房通常建在某一方的父母所在的宅基地里。所以婚姻往往会伴随房屋的更改、重组和新建。类似地，其他亲属关系的形成和变动，例如孩子的出生和死亡、土地的购买和出售等，建筑也需要随之变化。可以说，房屋的改动，是兰卡威人用来确认和适应重组之后新的亲属关系的重要手段。因此，灵活可变就成为建筑必需的重要属性。把房屋建造成普通的、临时性的，就意味着它具有高度灵活可变的特性，让人们可以很容易地对其加以改动。所以，尽管当地村落中看起来经常发生建设活动，但实际上很少新建房屋，而是频繁地扩建和移动建筑[14]。

房屋建筑除了被用来应对亲属关系的变化之外，在很多社会中也被用来确认等级关系。社会中不同阶级、不同地位的人在房屋使用上受到一定形式的约束，

---

① 一栋房屋中只有一个灶，而且也是它所在的主起居室的名字。

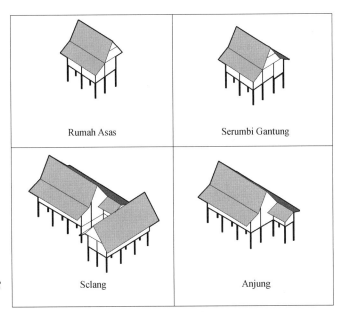

图 3-6 马来西亚人建筑常
见的加建方式

在古今中外都并不鲜见。在我国古代的封建社会中，发达的礼制要求各种事物都
等级有序，"贵贱有等，衣服有别，朝廷有位，则民有所让 ①"，建筑亦是如此。从
今日可见之记载来看，明代时对此已有十分详尽的规定，禁止官民房屋雕刻帝后
圣贤、日月、龙凤、狻猊、麒麟、犀、象等形象，不准歇山转角，重檐重拱与藻
井（楼居重檐除外），门窗户牖不得用丹漆等，并对各级官民的住宅逐一进行了规
模、装饰题材与色彩、大门样式等方面的限定（表 3-1）。在这样的社会中，建筑
的形式、结构，已经与礼制规范融合为一体，成为它的一部分。那么维系大部分
房屋的平凡简单，对于统治者而言是确立社会等级结构的一种有效工具，对于百
姓而言则是对这一结构的接纳的表达，是社会成员之间的一种协商；若没有大量
平凡的建筑的存在，这种社会秩序也就难以为继了。

表 3-1 明代各级官民的住宅限定

等级	规模	装饰题材	大门样式
一、二品官员	厅堂五间九架	屋脊用瓦兽，梁栋、斗拱、檐桷青碧绘饰	门二间三架，绿油兽面锡环
三至五品官员	厅堂五间七架	屋脊用瓦兽，梁栋、檐桷青碧绘饰	门二间三架，黑油锡环
六至九品官员	厅堂三间七架	梁栋饰以土黄	门一间三架，黑门铁环
庶民庐舍	不过三间五架	不许用斗拱、饰彩色	

来源：据《明史·舆服志》相应文字绘制。

① 语出《礼记·坊记》。

3.3.3 去物质性

无论是坚固、实用还是美观，都是建筑的物质特性；建筑作为一类物质实体，以物质特性来进行评价自然无可厚非。然而一些极端的例子显示，在人们对于房屋建筑的观念中，物质性甚至并不是最重要的。

对于南美洲的也库阿那人（Ye'cuana）而言，他们的房屋是宇宙观的一种象征性呈现（图 3-7、图 3-8）。在当地人的认知中，宇宙被想象为由两个平行的平面组成，即天空（caju）和大地（nono）。房屋的地面代表大地，大地的中心是海（dama），周围引出河流；房屋的圆锥形屋顶代表天空，由一些斜撑杆件来形成其框架，屋顶之下由立柱来支撑。屋顶由茅草所覆盖，这些茅草被分为颜色深浅不同的上下两个部分，作为对创始神话中一段情节的体现。也库阿那人认为，在世界的最初，太阳父亲让三只神奇的蛋掉了下来。第一个蛋里出来的是文化英雄、人们的祖先 Wanadi，第二个蛋里出来的是他的兄弟，第三个蛋变形了，被扔进了森林。第二年秋天，蛋打开了，里面出来了充满怨恨和仇恨的 Cajushawa，变成了消极的魔鬼。屋顶茅草分界线以上的部分，代表着 Wanadi 所居住的空间，是魔鬼的力量不能企及的地方。而房屋的中柱则把天空和大地联系在了一起。不过，尽管这些房屋承载着丰富的含义，它们的使用时间却通常很短。由于资源耗竭、建筑倾颓等原因，聚落每六年左右就会被整体性地废弃。其中一个重要原因就是疾病和死亡，尤其是头人的死亡。也库阿那人通过选择头人来选择居所、形成聚落，头人是整个聚落社会的灵魂。一旦头人死去，整个聚落也随之死去，社会网络解体，于是建筑就会被全部销毁。然后，人们又会去寻找新的头人、形成新的聚落，也再次建造新的房屋，通过这样有意识的破坏与重建来重组社会网络、构建新的集体认同。

然而，尽管房屋的物质实体频繁更迭，它们在也库阿那人的认知中却并没有太大的变化。在当地人的观念中，可见世界中所有的事物（如动物和植物）在另一个不可见的世界中都具有其隐形的孪生体或对应物；可见世界中的事物可以被破坏而消失，但是它们在隐形世界里的对应物是一直存在的。因此，每栋房屋在不可见的世界中对应着一个持久存在的孪生体，呼应着神话中最初的那栋由 Wanadi 所建造的房屋，也呼应着他们的神山。正是一切事物在人们认知中那个不可见世界里的持久性，使得人们与房屋的联系并不因为物质实体的毁坏和重建而断裂，从而使当地社会在不断的重组中保持了延续性；这种非物质世界的持久性，与物质世界的多变性形成了鲜明的对比。因此，彼得·里维埃（Peter Rivière）主张要对建筑的非物质性更加强调，因为可见的房屋不过是"本体世界中转瞬即逝

图 3-7　也库阿那人的建筑

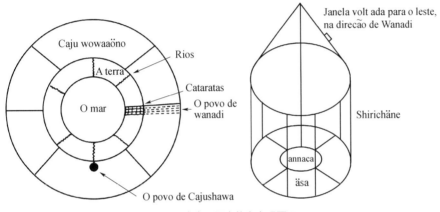

图 3-8　也库阿那人的宇宙观图示

的现象"，它依赖于不可见的现实而存在，"对于社会的延续性来说远不如其不可

见的孪生体来得更为重要"[15]。

3.4　建筑学与地方性

　　在文化相对论提出的 20 世纪上半叶，这一理论并未在建筑学中产生多少强

烈的共鸣。当时建筑学正处在现代主义大行其道、经历其高光时刻的状态，建筑

学人们致力于推广预制化、标准化的建筑体系，快速高效地解决社会大众的居住

需求，以修复两次世界大战造成的创伤、推动战后重建工作。对于提倡功能理性，认为"建筑就是居住的机器"的现代主义建筑师来说，他们的思想显然是偏向于普遍主义，而不是相对主义的，现代主义建筑在 20 世纪中期被命名为"国际式"建筑，就是最好的证明。不过，在格尔茨提出"地方性知识"的 20 世纪 80 年代初期，建筑学中出现了回归地方性的潮流，并以"批判性地域主义"（Critical Regionalism）之名得到了非常广泛的关注和讨论。

3.4.1 芒福德与地域主义

战后对于建筑地域主义的早期讨论，有一部分来源于建筑学之外。1947 年，社会学家路易斯·芒福德（Lewis Mumford）在《纽约客》杂志的"天际线"专栏上对国际式建筑提出了强烈的批评，并且盛赞了他称之为"湾区风格"（Bay Region Style）的一批美国西海岸地区的建筑师，包括伯纳德·梅贝克（Bernard Maybeck）、威廉·伍斯特（William Wurster）等。他认为这些建筑是真正围绕生活方式的，而不仅仅是一堆美学原则的堆砌，它们体现了"现代主义的本土化和人性化的形式 ①"，比起当时的国际式风格来说要更为优越 [16]。不过，芒福德的言论立刻激起了国际式建筑的建筑师们的反击。拥护国际式建筑的纽约现代艺术博物馆（MOMA）主任小阿尔弗雷德·巴尔（Alfred Barr Jr）和阿尔弗雷德·希区柯克（Alfred Hitchcock）在极短的时间里组织了史无前例的公开论坛，召集了格罗皮乌斯、文森特·斯卡利（Vincent Scully）、马塞尔·布劳耶（Marcel Breuer）等当时美国东部最有影响力的一批建筑师们作为委员，组织建筑院校、实践机构以及媒体对国际式进行辩护，对地域主义进行批评。双方之间的这种对抗一直延续了十余年，1949 年，芒福德在"旧金山湾区的本土建筑"展览中抨击国际式风格不是真正的现代主义，而是"二战"后空洞和虚假的替代品，而希区柯克与菲利普·约翰逊（Philip Johnson）在 MOMA 共同举办国际式建筑 25 周年的纪念展览时，也不忘抨击芒福德，声称传统建筑如果还没有被埋葬，它也已经死了 [17]。芒福德所提出的地域主义，不仅对全球化持有批判态度，而且对地方和地域主义持批判态度；它与那种久已有之的对普遍性决然抵制、全盘拒绝的地域主义不同，而是一种抱着参与的态度在地方与全球之间进行交流和沟通的过程。这种去除了极端性的地域主义，是芒福德的原创性贡献 [18]。

---

① "native and humane form of modernism".

3.4.2 批判性地域主义

如果说在 20 世纪美国西海岸与东海岸之间的这场论战中，建筑学一方的主流是反对地域主义的话，20 世纪 80 年代的批判性地域主义则在建筑学中得到了非常广泛的拥护。这一思潮的出发点，一方面是对国际式与其后的后现代主义的批判，另一方面也和格尔茨的"地方性知识"这一理念一样，包含了对当时快速蔓延的全球化现象的深切担忧。

1981 年，希腊建筑师亚历山大·楚尼斯（Alexander Tzonis）与其学生兼助手安东尼·阿洛夫辛（Anthony Alofsin）、里安·勒费夫尔（Liane Lefaivre）在《希腊建筑》上发表了"网格与通道"（The Grid and the Pathway）一文，提出了批判性地域主义的概念。继楚尼斯之后，建筑理论家肯尼斯·弗兰姆普敦（Kenneth Frampton）接过了这一概念，并通过一系列的写作大大推进了批判性地域主义的理论发展。1983 年，弗兰姆普敦发表了《走向批判的地域主义：关于一种"抵抗"建筑的六点》[19] 和《批判的地域主义面面观》[20]，又在 1985 年的著作《现代建筑——一部批判的历史》中，对批判性地域主义进行了系统详细的梳理和阐述，将世界各国诸多的建筑师及其作品纳入了这一体系之中（表 3-2）。

表 3-2　弗兰姆普敦论及的主要地域主义建筑师

国家	建筑师及部分代表性作品
丹麦	约翰·伍重（Jorn Utzon），巴格斯瓦德教堂
西班牙	R 小组（Group R）；何塞·安托尼·科德切（Josep Antoni Coderch），ISM 公寓楼；里卡多·波菲尔（Ricardo Bofill），尼加拉瓜巷公寓，哈纳杜建筑群，瓦尔登 7 公寓
葡萄牙	阿尔瓦罗·西扎（Alvaro Siza），昆塔·达·孔西科游泳池（图 3-9），贝勒斯住宅，布卡居民协会住宅，品托银行分行
奥地利	雷蒙·伯波拉罕（Raimond Abraham），三墙住宅，花墙住宅
墨西哥	路易·巴拉甘（Luis Barragan），塔库巴亚自宅，卫星城塔楼
巴西	奥斯卡·尼迈耶（Oscar Niemeyer）；阿方索·雷迪（Affonso Reidy）
阿根廷	阿曼西奥·威廉姆斯（Amancio Williams），桥式住宅；克洛林多·特斯塔（Clorindo Testa），伦敦与南美银行
委内瑞拉	卡洛斯·拉奥·维拉努埃瓦（Carlos Raul Villaneuva），城市大学
美国	湾区学派（Bay Region Style）；哈维尔·哈里斯（Harwell Harris）
加拿大	安德鲁·巴蒂（Andrew Batey）与马克·麦克（Mark Mack）；哈里·沃尔夫（Harry Wolf），劳德代尔堡河边广场

国家	建筑师及部分代表性作品
意大利	吉诺·瓦尔（Gino Valle），夸格拉住宅；卡洛·斯卡帕（Carlo Scarpa）；维多里奥·格雷高蒂（Vittorio Gregotti）；阿尔贝托·萨尔托里斯（Alberto Sartoris），卢蒂尔教堂，莫朗 - 帕斯特尔住宅；里诺·塔米（Rino Tami），卢加诺州图书馆；马里奥·博塔（Mario Botta），利格里亚诺住宅，里瓦·圣·维塔里住宅，苏黎世火车站改造，佩鲁齐管理中心
瑞士	恩斯特·吉赛尔（Ernst Gisel）；多夫·施内布利（Dolf Schnebli），坎姆皮奥尼拱形别墅；奥雷里奥·加尔费蒂（Aurelio Galfetti），罗塔林提住宅；第五工作室（Studio 5），哈伦住宅
挪威	斯维尔·费恩（Sverre Fehn）
希腊	艾斯利·康斯坦丁尼迪斯（Aris Konstantinidis），艾路西斯住宅，吉菲西亚花园展览；迪米特里乌斯·皮吉奥尼斯（Dimitrius Pikionis），菲罗帕普山公园和步行道；安东那卡基斯事务所（Antonakakis Partnership），贝纳基公寓
日本	安藤忠雄（Tadao Ando），小筱邸住宅（图 3-10）

来源：据文献 [21] 相应文字绘制。

图 3-9　阿尔瓦罗·西扎的昆塔·达·孔西科游泳池

在 1985 年的著作中，弗兰姆普敦对批判性地域主义作出了 7 点总结[21]：

（1）批判的地域主义应当被理解为是一种边缘性的建筑实践，尽管它对现代化持有批判态度，仍然拒绝放弃现代建筑遗产的解放和进步的方面……碎片式和边缘式的本性……更倾向于小的而不是大型的规划。

（2）批判的地域主义自我表现为一种自觉地设置了边界的建筑学……强调的是使建造在场地上的结构物能建立起一种领域感……

（3）批判的地域主义倾向于把建筑体现为一种构筑现实，而不是把建造环境还原为一系列杂乱无章的布景式插曲。

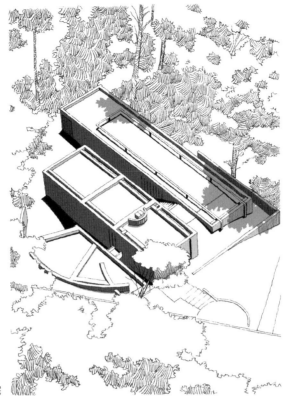

图 3-10　安藤忠雄的小筱邸住宅

（4）批判的地域主义的地域性表现是：它总是强调某些与场地相关的特殊因素，从地形因素开始……它把光线视为揭示其作品的容量和构筑价值的主要介质。与此相辅的是对气候条件的表达反应……

（5）批判的地域主义对触觉的强调与视觉相当……它反对在一个媒体统治的时代中以信息代替经验的倾向。

（6）尽管它反对那种对地方乡土感情用事的模仿，批判的地域主义有时仍然会插入一些对乡土要素的再阐释，作为对存在于整体内的一些反意的插曲。此外，它还偶尔从外来的资源中吸取此类因素。换句话说，它试图培育一种当代的、面向场所的文化，但又（不论是在形式参照或技术的层次上）不变得过于封闭。因此，它倾向于悖论式地创造一种以地域为基础的"世界文化"，并几乎把它作为完成当代实践的一种恰当形式的前提。

（7）批判的地域主义倾向于在那些以某种方式逃避了普世文明优化冲击的文化间隙中获得繁荣……

可见，弗兰姆普敦认识中的批判性地域主义，并不是全盘反对现代主义、在复古和浪漫倾向下形成的产物；它强调对地域的呼应和多样性的感官体验，但倾向于用抽象、建构的语言进行表达，与乡土建筑是有所区别的；它偶尔还会引入

外来的地方性元素。这样的定位恰如其分地应答了现代社会中全球化浪潮席卷的
时代背景，以及在此背景之下不断觉醒的对文化身份认同的追寻，因而得到了十
分广泛的拥护，在这一理念影响之下的建筑实践至今仍然散发着蓬勃的生命力。

3.5　结语

全球化和地方性，在今天仍然是人们普遍关注和广泛讨论的话题，这种讨论
在将来似乎也不会很快终止。全球化的进程仍然在不断深入，是无法全然阻断的
时代趋势；而在这样的趋势下，通过对地方性的思考来寻求文化身份认同，也是
必然会发生的反应。文化人类学和建筑学两个学科各自参与其中，前者可以帮助
人们更加包容地面对文化的多样性，后者则有助于人们更加恰当地推进现代化的
进程；可以说，两者从理解世界和解释世界两个方面为这一问题的讨论提供了有
益的思考与尝试。

参考文献

[1] UNESCO. UNESCO Universal Declaration on Cultural Diversity [EB/OL].（2001-11-02）[2020-06-05]. https://unesdoc.unesco.org/ark:/48223/pf0000124687.page=67.

[2] UNESCO. Convention on the Protection and Promotion of the Diversity of Cultural Expressions [EB/OL].（2005-10-22）[2020-06-05]. https://en.unesco.org/creativity/sites/creativity/files/passeport-convention2005-web2.pdf.

[3] UNESCO. Marking of the Tenth Anniversary of the UNESCO Universal Declaration on Cultural Diversity [EB/OL].（2011-09-05）[2020-05-04].https://unesdoc.unesco.org/ark:/48223/pf0000211632.

[4] FRANZ BOAS. Race，Language and Culture[M]. New York：The Macmillan Company，1940：270-311.

[5] ARISTIDES，HOMO. Citizenship Prize Essays[J]. American Anthropologist，1984（7）：343-357.

[6] 弗朗兹·博厄斯 . 原始人的心智 [M]. 项龙，王星，译 . 北京：国际文化出版公司，1989.

[7] 弗朗兹·博厄斯. 人类学与现代生活 [M]. 刘莎，等译. 北京：华夏出版社，1999.

[8] 露丝·本尼迪克特. 菊与刀 [M]. 来鲁宁，赵伯英，译. 西安：陕西人民出版社，2009.

[9] 露丝·本尼迪克特. 文化模式 [M]. 何锡章，黄欢，译. 北京：华夏出版社，1987.

[10] CLIFFORD GEERTZ. Local Knowledge：Further Essays in Interpretive Anthropology[M]. New York：Basic Books，1983：3-18.

[11] MAURICE BLOCH. The resurrection of the House amongst the Zafimaniry of Madagascar[G]. // Janet Carsten and Stephen Hugh-Jones（ed）. About the House：Lévi-Strauss and beyond. Cambridge：Cambridge University Press，1995:69-83.

[12] CHRISTINE HELLIWELL. Good Walls Make Bad Neighbours：The Dayak Longhouse as a Community of Voices[G] // James J. Fox（ed）. Inside Austronesian Houses：Perspectives on Domestic Design for Living. Canberra：ANU Press，2006：45-63.

[13] 潘曦. 纳西族乡土建造范式 [M]. 北京：清华大学出版社，2015：89-124.

[14] JANET CARSTEN. Houses in Lankawi：Stable Structures or Mobile Homes? [G]. // Janet Carsten and Stephen Hugh-Jones（ed）. About the House：Lévi-Strauss and beyond. Cambridge：Cambridge University Press，1995：105-128.

[15] PETER RIVIÈRE. House，Place and People：Community and continuity in Guiana[G]. // Janet Carsten and Stephen Hugh-Jones（ed）. About the House：Lévi-Strauss and beyond. Cambridge：Cambridge University Press，1995：189-205.

[16] LEWIS MUMFORD. The Skyline [Bay Region Style] [G].//Architecture Culture 1943-1968：A Documentary Anthology. Joan Ockman ed. New York：Rizzoli，1993：107-109.

[17] ROBERT WÓJTOWICZ. Lewis Mumford：The Architectural Critic as Historian[J]. Studies in the History of Art，1990，35：237-249.

[18] 沈克宁. 批判的地域主义 [J]. 建筑师，2004（10）：45-55.

[19] KENNETH FRAMPTON. Towards a Critical Regionalism：Six Points for an Architecture of Resistance[G]. Theories and Manifestoes. Charles Jencks and Karl Kropf Karl eds.（Academy Editions，1997：97-100.

[20] KENNETH FRAMPTON. Prospects for a Critical Regionalism[J]. Perspecta，1983，20：147-162.

[21] 肯尼斯·弗兰姆普敦. 现代建筑——一部批判的历史 [M]. 张勤楠，等译. 北京：生活·读书·新知 三联书店，2012：354-370.

建筑与文化人类学

04/
走向田野：
功能主义与地方聚落

4.1 引言：田野里的人类学

今天，田野调查（Field Work）作为一种工作方法，和人类学紧紧地联系在一起，可以说它是这个学科最重要的标签和关键词之一，是人类学家们的看家本领（图 4-1）。一说起人类学家，很多人的脑海里都会浮现出这样的刻板印象：衣着朴素、灰头土脸、皮肤黝黑（或是发红）、手拿纸笔、身挂相机，在原始部落、乡野田间或是街头巷尾，和当地人打成一片。而对于学习人类学的学生们来说，田野调查也是成长过程中的"必修环节"；在通行的说法中，至少一年周期的田野调查是一个人类学者的"成人礼"——最好还能学会当地的语言，一个青年学者只有在完成了这项工作之后才算是真正迈进了专业的门槛。今天，文化人类学就田野调查已经发展出了一套系统化的具体技术，包括直接观察、参与式观察、结构与非结构性访谈、质性研究等等；田野调查的成果——常见的是一个社群的描述——其体例被称为"民族志"（ethnography）。

按照人类学家列维 - 斯特劳斯的说法，最早践行了田野调查的祖师爷是 18 世纪的启蒙思想家让 - 雅克·卢梭（Jean-Jacques Rousseau），他在撰写《论人类不平等的起源和基础》一书时，为了体验"原始人"的生活和观念，跑到乡下隐居了起来，去体验生活。而这一工作方法的含义也就如其名称所示，在"乡野"（field）中干他的"活计"（work）[1]。不过，在卢梭隐居乡里的 18 世纪，文化人类学作为一个现代学科尚未成立；即使是在这个学科成立之后，人类学家们也不是一直都这么重视田野调查的。在 20 世纪之前，很多人类学家们大部分时候也是在书斋里工作，搜集来自世界各地的调查报告、文献资料，用这些素材构建各自的理论模型用于文化的解释，被后人称为"扶手椅里的人类学家"。例如前文提及的古典文化进化论学派，学者们显然没那么容易去跑遍各种形式的人类社会，再构建人类文化进化的普遍路径；对于站在进化论学派对立面的文化传播论学派，想要通过一手调查来证明人类多种多样的文化是由于不同地区的文化交流和影响形成的，也绝非易事。

田野调查成为人类学最重要的研究方法，是从 19 世纪末、20 世纪初期开始的。例如，历史特殊论学派的创始人博厄斯就是在 1883—1884 年参加了加拿大巴芬岛的考察团，在与当地爱斯基摩人共同生活之后，从地理学转向人类学研究

图 4-1　马林诺夫斯基
的田野调查

的，在那之后又多次开展了对印第安人的调查 [2]。而真正地确立了田野调查作为
人类学常规研究方法之地位的，当属英国的功能主义学派。1922 年，英国人类学
家阿尔弗雷德·拉德克利夫 - 布朗（Alfred Radcliffe-Brown）和布罗尼斯拉夫·马
林诺夫斯基（Bronislaw Malinowski）在同一年发表了各自的田野调查代表作《安
达曼岛人》（The Andaman Islanders）和《西太平洋上的航海者》（Argonauts of the
Western Pacific），使得这一年被称为功能主义学派的创立年，也是田野调查方法发
展史上的里程碑。而且，这个学派还把这种方法带到了中国，极大地推动了中国
乡村社区的研究，并进而在中国乡土建筑的研究中留下了它的影响。这也是本章
论述的主要线索。

4.2　功能主义学派

4.2.1　拉德克利夫 - 布朗与社会结构

　　在英国功能主义学派中，拉德克利夫 - 布朗的理论被称为"结构功能主义"，
从"结构"这个词中，已经隐隐约约可以嗅到一些普遍主义的气息。实际上，拉
德克利夫 - 布朗也的确是一个进化论者，他宣称自己"终生赞成斯宾塞阐述的社

会进化的假说，并将它作为人类社会研究有用的工作假说"，而反对进化论的学者们"思想混乱"，对于这一理论"一无所知"[3]158。首先，社会进化和有机体进化一样，都是受制于自然规律的自然过程。进化过程作为一种发展过程，是一种趋异的发展。对于有机体来说，趋异性发展导致了生命形式的差异性；对于社会来说，趋异性发展导致了社会形式的差异性。无论是有机体还是社会，在进化中都存在着一种斯宾塞称之为"组织进步"的普遍趋势，即不断地发展出更复杂的结构和功能。但是要注意的是，拉德克利夫 - 布朗指出"进化"不一定就是"进步"，它可能会变得更好，也可能会变得更不好，这需要用其他的标准来判定，进化只是使事物变得更加复杂而已。

基于对进化论的支持，拉德克利夫 - 布朗也主张用自然科学的方法进行文化人类学的研究，并且提倡使用归纳的方法。因为所有现象都受到自然法则的支配，那么就可以用逻辑方法去发现和证明具有普遍性的规律，形成通则，就像自然学科领域中诸多工作证明的一样。在这一工作过程中，人们需要不断地观察事实、形成假说，然后回到观察中去验证假说，评价假说对事实的解释能力，如此不断循环往复。具体到文化人类学的研究，这样的观察就需要到田野里面去观察，田野就是人类学家的实验室。他提到："如果社会人类学要前进，它就必须遵守所有归纳法的规则。事实必须是观察来的，假设必须看来能解释这些事实……这种观察与假设结合在一起的过程，只能由社会人类学家在实地来进行"[3]27。

此外，相较于历时性的方法，拉德克利夫 - 布朗更提倡使用共时性的方法，因为历时性的方法那种无止境的追溯并不能归纳科学所寻求的一般规律；构拟历史、追溯起源的做法无法验证，更何况很多无文字记载的社会根本难以找到足够确实可信的资料，以此妄图形成普遍性的解释乃至推论未来是极其不可靠的。不过，拉德克利夫 - 布朗提倡的共时性方法，与古典文化进化论的比较法有所不同。旧的比较方法只是把世界各地收集来的表面上相似的现象排列在一起，从不同的文化中抽取孤立的元素来进行比较，而他认为应当把各个文化作为一个整体来进行比较。

于是，拉德克利夫 - 布朗提出了功能与结构的思想。他认为，文化是一个整合的系统，在这个系统中，每个元素都有与整体相联系的功能；要想认识某种社会现象，就必须把它和其他社会现象联系起来，放在整个社会里加以考察，才能真正认识它的意义和功能。那么社会既然是一个系统，它就必然有结构。拉德克利夫 - 布朗对这个重要的理论概念作了充分的阐述。首先，社会结构是指一个文化系统中人与人之间的关系，包括个体和群体；其次，这种人与人之间的关系受到

图 4-2　青春期仪式中的安达曼岛女孩

制度的支配；再者，人与人之间的关系是变化的，因而社会结构也是动态的；最后，他把社会结构定义为"在由制度即社会上已确定的行为规范或模式所规定或支配的关系中，人的不断配置组合"[3]148。在这一思想下，拉德克利夫 - 布朗在澳洲、非洲等多地进行了调查，在亲属制度、图腾崇拜等方面形成了不少研究成果。例如，在安达曼岛人的研究中，他就用功能主义的理论解释了当地社会中的习俗，他们的舞蹈使得"个人虚荣心在舞蹈中得到尽情地表达，从而保证了个人能够认识到自己的个人价值有赖于自己与伙伴之间的融洽"，促进了社会的融洽；而他们的成人礼则"将青春期的小伙子或小姑娘置于一个异常的位置（图 4-2），仿佛是处于社会之外，通过这种手段使之认识到作为社会的一员意味着什么"，推动了青年人的社会化（socialization）[4]。

4.2.2　马林诺夫斯基与个体需求

　　英国功能主义学派的另一位代表人物马林诺夫斯基与拉德克利夫 - 布朗几乎同龄，也同样在澳大利亚开展过田野调查。他与后者一样，认同文化是一个整体，每一种文化现象都应该放到整体文化中去进行考察；他也同样反对通过构拟历史去追寻文化的起源，而是更加重视分析文化现象的功能。总之，这两位学者虽然都试图探寻文化中的普遍规律，但他们对于古典文化进化论那种搜罗各个地方和时期的素材，通过某类孤立元素的主观排列来建立进化序列的做法都是不赞同的。不过，相较于拉德克利夫 - 布朗，马林诺夫斯基的功能主义思想既重视文化对社会需要的满足，又重视其对个体需要的满足，而且随着个人学术思想的发展而越来越倾向于关注后者。因为这种强调"社会"与强调"个人"的差异，拉德克利夫-布朗和他之间甚至产生了公开的分歧。1949 年，布朗在《功能主义：一个抗议》一文中表示，他一直都是马林诺夫斯基功能主义的反对者，如果马林诺夫斯基是功能主义的命名者和定义者，那么他就是"反功能主义者"[5]。也正是因为如此，人们才会给拉德克利夫-布朗的功能主义思想之前加上"结构"二字，与马林诺夫斯基注重个体心理的功能主义思想相区别。

马林诺夫斯基认为，人作为动物的一种，存在着吃喝、繁衍、舒适、安全、运动、成长、健康等基本需要，为此，人们生产食物、建立家庭、制作服装、建造居所并保持卫生。于是，人就为自己创造了一个衍生出来的环境，这个衍生环境就是文化，也是人与动物的重要区别。与此对应，人的需要也可以分为两类，即生理上的基本需要和文化上的衍生需要；为了满足这两类需要，人就需要相互合作而建立起一套制度，来维持社会组织与社会活动。所以，所有的文化现象，无论是物质设备、精神习惯、语言或是社会组织，都是为了直接或间接地满足人类的需要，它只要存在，就一定是在有效地发挥其作用。譬如，巫术和仪式的作用，就是消除不确定性，增强个人的安全感。当人们对于消除疾病、抵抗死亡、处理与环境的关系等方面无能为力的时候，就会诉诸巫术和仪式；这其中包含了詹姆斯·弗雷泽在《金枝》一书中所描述的交感原则①，帮助人们获得迫切期盼的结果（哪怕只是主观上的），在困境之中给人信心。当然，它在社会方面也是一种组织力量，可以引导社会生活的秩序，使得社群成员之间共同协作，从这种意义上来说，巫术就是一种社会制度："这种制度将人心加以安排、加以组织，并使它得到一种积极的解决方法，以对付知识及技能所不能解决的难题"[6]。

除了偏重个体心理的功能主义思想之外，马林诺夫斯基对文化人类学作出的另一大贡献就是对于田野调查方法的发展。1914 年开始，他在大洋洲地区进行了两年

---

① 费雷泽是对马林诺夫斯基影响较深的一位人类学家，他提出了一个理论，认为人类的原始巫术可以分为两种类型，一种是以"相似律"为基础的"模仿巫术"，藉由形式上的相似，通过一个事件引发另一个事件；另一种是以"接触律"为基础的"接触巫术"，通过曾为某人接触过的物体而对其本人施加影响。弗雷泽把这两种巫术统称为"交感巫术"，因为它们都建立在同样的信念基础上，即认为通过某种神秘的感应，就可以使物体不受时空限制而相互作用。

多的田野调查工作（图4-3），而且大部分时候是孤身一人①。在此期间，他与当地土著人一起同吃同住、共同生活，学习当地的语言，参与当地的活动。之后，他基于其间的调查所得写出了代表作《西太平洋上的航海者》，对该地区独特的仪式性交换——"库拉"交换这一现象进行了详尽的阐述（图4-4）。可以说，就田野调查的长度、深度而言，马林诺夫斯基超越了同时代的任何其他学者，开启了参与式观察的先河："钻到当地人心中""抓住当地人的观点以及他同生活的关系，以认清他对所处世界的看法"[7]。对于田野调查工作，他提出了几个基本要点。第一，每一种现象都应该就最大可能的范围进行穷尽详细的例证调查，可能的话应该把调查结果绘制成图表，清晰地描述出当地的文化架构及其社会结构。第二，现实是不可测的，研究者既要有文化描述的大纲，也应当心无旁骛地沉浸到当地生活中去，才不会遗失掉生动而重要的细节性事物。第三，除了文化概况和日常生活之外，需要去记录当地人生活的精神内容，即被文化塑造和制约的观念、情感、冲动等，发现与特定社会制度和文化相对应的思想、感受的独特方式[8]。马林诺夫斯基对于田野调查工作方法进行了开拓性的发展，成为他对文化人类学作出的最杰出的贡献之一。

图4-3　马林诺夫斯基调研居住的帐篷

图4-4　一个库拉仪式

---

① 马林诺夫斯基1914年抵达澳大利亚，同年"一战"爆发，同行的其他人没有留下来，只有他留在当地，在迈鲁（Mailu）、超卜连群岛（Trobriand Islands）等地进行调查直到1918年，具体为1914年8月至1915年3月，1915年5月至1916年5月，1917年10月至1918年10月。

4.2.3　雷德菲尔德与民俗社会

除了推动田野调查方法，让人类学家们"从扶手椅上站起来"，功能主义学派的另一项贡献则是较早地把调查对象从殖民活动下的"原始社会"（Primitive Society）扩展到了"民俗社会"（Folk Society），罗伯特·雷德菲尔德（Robert Redfield）的农民社会研究就是代表性的成果。

在文化人类学学科发展的早期，学者们的调查研究工作在一定程度上是受到了西方殖民扩张过程中了解殖民地这一需求的推动，因此其对象大多是所谓的"原始文化"。而雷德菲尔德把目光投向了"民俗文化"，它既不同于原始文化，也不同于现代都市文化，有其自身的一些特征，例如：规模较小，人人相互认识；相对隔绝，与外界交流甚少而内部交往甚密，整个社群就像一个大家庭一样；社群内有语言传统而缺文字传统，因而缺乏历史感，掌握更多知识的长者地位崇高；社群内部的成员十分相似，并具有强烈的集体认同；劳动分工不深入，所有人共享生产方式，经济上相对自给自足；社会生活相对稳定，代代重复；社会习俗高度模式化，有自己的一套行为规范，每种社会身份都有各自的行为模式；整个社会由家庭构成而不是由个体构成，并根据亲属关系分成若干团体；社会生活具有神圣性等 [9]。而且，雷德菲尔德认为社会不是一个孤立体，因此他并不是对一个单独的地方社会进行研究。在将结构功能主义的方法应用到民俗文化的开山之作——《尤卡坦民俗文化》（The Folk Culture of Yucatan）一书中，他就研究了多个地方社会，通过比较研究来把握社会形态的特征（图 4-5）；同时，通过把部落、村庄、城镇和城市放在一起，雷德菲尔德还尝试揭示出部落和民俗文化个性化、世俗化的过程，提供了文化变迁研究的范例 [10]。

此后，雷德菲尔德又开展了"文明的比较研究"这一宏大的研究计划，试图把这种比较研究的方法扩展到中国、印度、伊斯兰地区更复杂的文化中去。在这个过程中，他出版了第二部代表作——《农民社会与文化》。在这本书里，他把目光聚焦在长期以来为学者们所忽视的从事耕种的农民（peasant）这个群体上，并对其进行了深入的刻画：他们耕种的目的不是获取利润而是维持生计，因而耕种也就成为他们的生活方式，其情感、传统都和土地结合在一起，这和以利润为目标的农场主（farmer）是十分不同的。在这部农民社会研究的专著中，雷德菲尔德还提出了一个非常重要的理论，即"大传统"（great tradition）与"小传统"（little tradition），对乡村研究产生了深远的影响。这对概念有些类似于高雅文化与平民文化、神圣文化与世俗文化这些概念组。所谓的"大传统"，是指一个文明中内省的少数人的传统；而"小传统"，指的则是文明中非内省的大多数人的传统。前

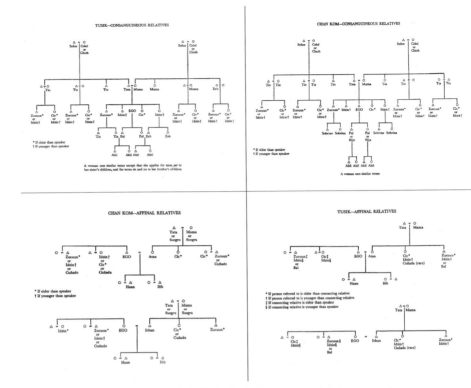

图 4-5　雷德菲尔德对不同亲属关系的研究

(a)　　　　　　　　　　　　　(b)

(c)　　　　　　　　　　　　　(d)

图 4-6　世界各地的农民社会景观

(a) 印度尼西亚稻作农业社会；(b) 韩国旱作农业社会；(c) 斯里兰卡茶园景观；

(d) 中国藏族高山农业社会

者是在学校、教堂等机构中培育出来的，而后者则是在社群文化生活中生长出来的。"大传统"与"小传统"是可以相互影响的，比如在古代中国，正统的高雅文化会向下流动地方化（parochialization），而地方文化也会向上流动而普遍化（universalization），不过总体上"大传统"向下的影响力仍然要更强一些[11]。雷德菲尔德所提出的这一"大传统"与"小传统"的理论，至今仍然在乡村研究中被广泛使用，已经成为研究世界各地农民社会的一种范式（图4-6）。

4.3　中国乡村研究

在20世纪上半叶，功能主义学派无疑是与中国关联性最强的一个文化人类学学派。一方面，功能主义学派开展和影响到了一些有关于中国的研究；更重要的是，功能主义学派培养和影响了一批非常重要的中国学者，可以说直接促成了中国社会人类学的形成，有力地推动了中国乡村社会的研究。

1929年，吴文藻先生留学回国后任教于燕京大学，并尝试推动社会学的"中国化"："以使用假设始，以实地证验终，理论符合事实，事实启发理论；必须把理论和事实糅合在一起，获得一种新综合，而后现实的社会学才能根植于中国的土壤之上；又必须有了本土眼光训练出来的独立的科学人才，来进行独立的科学研究，社会学才算彻底的中国化[12]。"为了实现这一目标，他试图寻找有效的理论框架，用这种理论来指导对中国国情的研究，培养出用这种理论研究中国国情的独立科学人才。经过比较选择后，他选定了芝加哥学派与功能学派，尤其是功能学派，"是社会人类学中最新进，而亦是现今学术界上最有力的一个学派"，而且也适用于当时仍然以传统农业社会为基质的中国，因而"颇想利用此派的观点和方法，来尝试现代社区的实地研究"[13]。1932年，吴文藻邀请了芝加哥学派的社会学家罗伯特·帕克（Robert Park）到燕京大学讲学。帕克本人就主张社会研究过程中"理论应当密切联系实际，而且提倡实地调查的方法：研究者必须亲自深入社会生活，进行详细观察，亲自体会和了解被研究者的行为和心态，然后通过分析、比较、总结事实，提高到理论水平"[14]，这种主张与功能主义学派是非常相似的，只是更多地面向城市社区而非乡村社会。在帕克的建议下，吴文藻又在1935年邀请了拉德克里夫·布朗来华讲学。其间，布朗讲授了"比较社会学"课程，主持了"中国乡村社会学调查"讨论班，又到多地进行访问考察。这一系列的工作，在20世纪三四十年代大大推动了中国社区研究的开展，尤其是乡村社区的研究，因为"在中国研究，最适宜于开始的单位是乡村"[15]。

4.3.1　林耀华与宗族乡村

以参与式观察的方法调查本土乡村社区的第一部专著是吴文藻先生的弟子林耀华先生撰写的。1934年，他在福建义序开展了田野调查，次年完成了硕士学位论文《义序的宗族研究》。这一研究分析了当地宗族组织的形式与功能、宗族与家庭的结构、亲属关系体系的形式与作用，以及人生礼仪的意义等，体现出了结构功能主义思想的影响。作为吴文藻先生的得意弟子，林耀华在拉德克里夫·布朗来华讲学之前就已经撰写并发表了《从人类学的观点考察中国近代社会》一文，对功能主义学派的理论进行了介绍，并运用其理论对中国近代社会进行了简要的分析；德克里夫·布朗在华讲学期间，林耀华参加了德克里夫·布朗所有课程的学习，还担任了硕士学位论文的材料组织导师[16]37。可以说，功能主义学派对林耀华的学术思想有着十分重要的影响。

林耀华在《义序的宗族研究》一文中提出了"宗族社会"的概念（图4-7），又在1936年发表的《从人类学的观点考察中国宗族乡村》一文中对宗族乡村进行了重新定义："宗族乡村乃乡村的一种。宗族为家族的伸展，同一祖先传衍而来的子孙，称为宗族；村为自然结合的地缘团体，乡乃集村而成的政治团体；今宗族乡村四字连用，乃糅取血缘地缘团体兼有的团体的意义，即社区的观念[17]。"而且，林先生也在其中再次提倡了结构功能主义的社区研究方法。此后，他又返回家乡福建古田运用这一方法开展研究，完成了其代表作《金翼：中国家族制度的社会学研究》（以下简称《金翼》）。该书从法律、教育、农业、商业、政治、交通、民俗信仰等多个角度描绘了当时中国乡村的社会文化生活，也再一次体现了功能主义学派的影响。在该书的论述中，乡村的平衡来自人际关系网络的平衡，每个社群成员的变动都对体系发生影响，也受到其他个体的影响。社群为了保持这种平衡，不断地调整内部关系，但这种调整也受到种种其他因素的影响。由于文化环境对人际关系的影响，这种均衡无法一直维持，因而生活就在平衡和纷扰之间不断摇摆。与《义序的宗族研究》相比，《金翼》虽然也是对福建乡村的研究，但所描述的是作者本人的故乡，而且兼具了纵向历史的连续性和横向延伸的广阔性，得到了极高的评价，被认为"通过叙述一小群人生活中的一系列事件对一个社会过程加以考察和解释""巧妙地设法将这一记述提高到具有真正社会学意义的水平，使几乎每一件事都成为东方农村社会某些进程的缩影"[18]5。

林耀华对宗族乡村的研究，还影响到了之后的西方学者。20世纪中期，英国社会人类学家莫里斯·弗里德曼（Maurice Freedman）大量引用了林耀华等中国学者的成果，写就了《中国东南的宗族组织》（Lineage Organization in Southeastern China）和《中国宗族与社会：福建与广东》（Chinese Lineage and Society: Fukien and Kwangtung），把中国的宗族研究推向了国际汉学研究，形成了一种研究范式[19]。

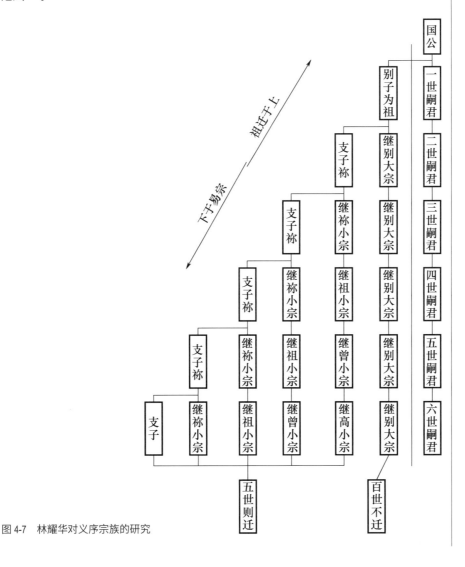

图 4-7　林耀华对义序宗族的研究

4.3.2　费孝通与乡土中国

吴文藻先生在推广社区研究时，希望学者们可以用"同一区位或文化的观点和方法，来分头进行各种不同地域的不同社区研究"[12]，他的弟子林耀华先生开展了福建汉族乡村的研究，而另一位弟子费孝通先生则是从少数民族地区开始乡村社区调查的。1935 年，费孝通与妻子王同惠赴广西大瑶山地区调查，发表了《广西省象县东南乡花篮瑶社会组织》①。这一花篮瑶的民族志用功能主义的方法解释了当地的诸多文化现象，例如其情人制度具有维持家庭组织固定性的功能，其堕胎和杀婴的习俗则是为了适应当地田地不足、粮食可维系的人口规模有限的客观条件等[20]。

瑶山调查后，费孝通先在清华大学研究生院跟随俄国学者史禄国学习了两年体质人类学，而后作为清华的公费生赴英国伦敦政治经济学院留学，师从马林诺夫斯基修习人类学专业，正式成为功能主义学派的嫡传弟子。在英期间，他根据自己在家乡江苏农村调查所获的材料，写就了其成名作、博士论文《江村经济》，初版的英文名即为《Peasant Life in China》。这部著作以土地利用和经济生产为主题，旨在通过描述开弦弓这个江苏农村中的"消费、生产、分配和交易等体系""说明这一经济体系与特定地理环境的关系，以及与这个社区的社会结构的关系"，同时也揭示了这一"正在变化中的乡村经济的动力和问题"。在此书的序言中，马林诺夫斯基对其给予了高度的评价，认为这项研究"将被认为是人类学实地调查和理论工作发展中的一个里程碑"，其中提出的一些问题，"将成为中国和其他地方的另一些研究的起点"[21]3、6、9。相较于传统的对于原始社会的民族志调查，这本书关注的并不是一个遥远的孤立部落，而是作为一个伟大的文明国家之缩影的乡村；作者也不是一个猎奇的外来者，而是作为一个生于斯长于斯的本乡人对自己家乡进行观察；而且，这本书虽然以传统生活为背景，但并不是静止的"快照"式研究，而是敏锐地抓住了时代特征，关注传统文化在西方影响下的变迁。这些特点，都是《江村经济》一书对当时的人类学研究的新发展。

在《江村经济》中，可以看到费孝通开展乡村研究的一个重要目的，便是试图更加深刻地理解中国乡村在工业化扩张中出现的种种矛盾，回应乡村经济的时代转型问题。因此回国之后，他进一步展开了对更多类型的乡村的研究，与

---

① 调查中途，夫妻二人遇险，王同惠不幸遇难，费孝通先生将成果整理成文后，以妻子遗著的名义发表，1936 年由北平商务印书馆出版。

张之毅、李有义、张宗颖等助手一同完成了云南三村的调查，这三个村庄分别代表了与手工业发达、受现代工商业影响较深的江村不同的三种经济类型。其中，禄村是一个以农业为主，手工业很不发达的农村，代表了几乎完全以农业为生产方式的内地农村（图4-8）。费孝通分析认为，这类乡村的经济不会像乡村那样受到现代工商业的威胁，其未来主要的问题是劳动力向城市的外流。易村则是手工业十分发达的村落，以造纸为生，通过对其的研究可以看到乡村工业的地位及其对土地制度的影响，思考如何让乡村工业发展为现代工业。玉村则是一个传统的商业中心，在土地制度上处于禄村和江村之间的过渡形式，在农业经营上因为靠近城镇而具有菜园经济的特征，在经济发展上处于传统经济被现代经济侵入的初期阶段，通过这类村落的分析所引出的是对于乡村和城市之关系的思考。作者希望作为中国的知识分子，通过对于不同类型的乡村社会的调查更加全面地了解和认识自己的国家，可以在抗战之后助力于国家的建设[22]。

表一：农作日历

月历	气候 温度（℃）	气候 雨量	节气	农作活动、劳力及工具劳力估计以一人作一日为单位，面积以一日工为范围
二月	10.9	20.5	立春 雨水	三十天 } 播种男或女（手工）
三月	14.2	23.1	惊蛰 春分	三十天 } 割豆（镰刀）和打豆（链杆）3女
四月	17.5	33.5	清明 谷雨	四十五天 翻土4男（锄）放水、修沟（锄）2/3男
五月	19.5	111	立夏 小满	三十天 施肥1男或女平田面（锄）1男或女 犁地1/4男或女+牛（犁）
六月	19.4	207.5	芒种 夏至	运秧1男或女（肩挑）
七月	20.6	261.4	小暑 大暑	七十五天 耕稻三次4女（手工2）剪稗1/2女（手工2）
八月	19.9	216	立秋 处暑	
九月	18.1	158.3	白露 秋分	三十天 } 割稻1男（镰刀）攒稻1男（攒）
十月	15.4	75.6	寒露 霜降	三十天 运谷、晒谷1男（肩挑和木耙）挖豆沟1/2男或女（锄）
十一月	12.7	41.2	立冬 小雪	下豆种1男或女（木椿）
十二月	9.9	7.2	大雪 冬至	运和堆稻草1/2男或女（肩挑）
一月	9.2	5.0	小寒 大寒	合计10.3男，1.5男或女，8.5女

表二：各节农作活动种个人能耕农田面积估计

农作活动	每工田所需劳动力（单位一人一日）	参差期限（单位日）	每人能耕面积（单位工）
收豆	3女	30	10
整理农田	6.5男	45	7
插秧	1男	30	30
	1女	30	30
耕稻	4.3女	75	17.4
收谷	1.5男	30	20
	1女		20
种豆	0.5男	30	60
	1女		30

表三：各节农作中劳力的有余和不足

农作活动	所需劳动	有余（+）或不足（−） 1938年 男	1938年 女	1939年 男	1939年 女
收豆	200女	−	+33		+17
整理农田	400男	−192		−246	
插秧	93男	+115		+61	
	93女		+140		+124
耕稻	161女		+72	−	−56
收谷	140男	+68		+14	
	93女		+140		+124
种豆	39男	+173		+119	
	68女		+165		+149

图4-8 费孝通对于禄村农业的研究

正是因为抱持着这样强烈的社会责任感与使命感，费孝通先生一步步地将工作从具体的社区研究推向了更具有普遍性的思考。1948年，《乡土中国》一书在上海出版。如作者本人在《重刊序言》中所说，这本书与他之前的调查报告性质不同，它"不是一个具体社会的描写，而是从具体社会里提炼出来的一些概念"，即"ideal type"，是认识事物的工具。书中所说的乡土中国，"并不是具体的中国社会的素描，而是包含在具体中国基层传统社会里的一种特有的关系，支配着社会生活的各个方面"，通过厘清这一概念，可以帮助人们去"理解具体的中国社会"。例如，《乡土本色》中提到了乡人扎根土地、安土重迁，以及因而形成的熟人社会这一现象；《文字下乡》与《再论文字下乡》提到了乡村不重文字交流而重口头传统的"面对面社区"的特征，以及与之匹配的安定而重复的生活方式；《差序格局》分析了以个人为中心而推出"圈子"的中国式关系，与西方社会的团体格局颇为不同；《礼治秩序》和《无讼》则论述了乡土社会以"礼"与"人治"代替"法治"来维持秩序和调节社会关系的制度等 [23]。书中所提及的许多观点，至今看来对于理解乡村仍然具有很高的参考意义。

4.4　乡土中国里的建筑与聚落

4.4.1　陈志华与乡土建筑

1947 年，费孝通先生到清华大学任教 ①，此时的中国乡村研究正是一个成果迭出的时期。除了费孝通 1948 年出版的《乡土重建》文集之外，还有杨懋春 1945 年的《一个中国村庄——山东台头》（A Chinese Village: Taitou, Shantung Province）、田汝康 1946 年的《芒市边民的摆》，以及许烺光 1948 年的《祖荫之下——中国的亲属制度，人格和社会流动》（Under the Ancestors' Shadow: Kinship, Personality, and Social Mobility in China）等著作相继问世，这些研究都试图通过小的乡村社区的研究来认识更大的中国社会。费孝通任教清华社会学系的同年，一位来自浙江宁波的学生也考取了社会学系，成为费孝通先生的学生。这位学生名叫陈志华，在社会学系学习两年后转读由梁思成担任系主任的营建系，即今天的清华大学建筑系，成为推动乡土中国之建筑与聚落研究的先锋者。

---

① 此前西南联大时期，费孝通也在 1944 年被聘为讲师。

　　尽管陈志华先生到晚年才真正投身于乡土建筑的事业①，但在他的思想中仍然可以看到社会学专业训练所留下的影响，"乡土"二字便是最好的证明。早年从事外国建筑史的工作时，陈先生在写作中已经充分地展现了他的社会学素养，他的建筑史并非仅仅是展示不同时期建筑的风格与形式，而是把建筑置于整个时代的大背景中，将其作为政治、经济、社会、文化的产物来进行解读；其文字中既有"建筑中的历史"，也有"历史中的建筑"。晚年投身乡土建筑领域之后，他同样延续了这样具有社会人类学色彩的视野，认为建筑环境与社会文化环境是彼此共生、相互渗透的，"社会文化生活只有在建筑环境里才能进行，建筑环境是社会文化生活的舞台。另一方面，建筑环境为社会文化生活而造，为的是保证它能顺利而有效地进行，否则建筑就失去了存在的前提"[24]420。

　　与费孝通先生研究乡村社区一样，陈志华先生研究乡土建筑的一个重要目的，就是通过它来更好地认识中国社会。传统的建筑历史中描写的大多是帝王将相的历史，而忽视了普通民众的历史，这样的历史是残缺不全的。而要了解民众的历史，就必须要了解浩瀚的乡土建筑。因此，陈志华先生把"认识价值"列为乡土建筑最重要的价值之一："通过乡土建筑了解乡土中国进而了解整个中国，这就是乡土建筑不可替代的认识价值。认识历史、认识社会、认识文化、认识生活，进而认识中国农民直至整个中华民族，这就是乡土建筑不可替代的认识价值[24]448。"他的同伴楼庆西先生也提到，"不认识中国的乡土建筑"，就"不能具体地认识中国农耕社会"[25]。

　　至于研究乡土建筑的方法，陈志华先生提出，要"以一个完整的聚落、聚落群或者一个完整的建筑文化圈为研究对象，不孤立地研究个别建筑物，把它们与历史形成的各种环境关系割断"，要在乡土文化的整体中，"把乡土建筑放在完整的社会、历史、环境背景中，不孤立地就建筑论建筑，尤其不脱离有血有肉的生活去研究"[24]430。这一思想与功能主义学派提倡将文化视为一个整体的系统来考察其中具体的文化现象的观点是非常契合的。因此，社区调查就成为其乡土建筑研究的重要方法，也正是因为这种整体性的视野，他提倡使用"乡土建筑"这一概念，将研究范围从传统的民间住宅扩展到祠堂、庙宇、书院、戏台、路亭等乡土环境中更加广泛的建筑类型。同时，他还希望能在动态中研究乡土建筑，在比较中研究乡土建筑，梳理建筑的文化圈，从而探讨建筑与自然和人文环境之间的关系，研究形成建筑特色的基本原因。

_____

① 陈志华先生毕业后留校任教，被安排从事外国建筑史的教学工作，后来有感于城市化进程中传统乡村和乡土建筑的快速消失，在1989年组建了清华大学乡土组，投入乡土建筑的调查、研究和保护工作。

　　基于这样的思想，陈志华先生带领乡土组的师生们以自己的家乡浙江为起点，开始了对乡土建筑与乡土聚落的调查。第一个完整调查的村落是自 1990 年开始研究的位于浙江省建德市的新叶村，最终成书，于 1999 年出版。书中在概述了村落的地理环境与人文历史后，对村落的规划布局，祠堂、文化建筑、居住建筑、其他公共性建筑等建筑类型，以及建筑的结构、装饰装修与建造仪式进行了详细的阐述，可以说是一部关于聚落与建筑的民族志[26]，这种写作体例在当时是开创性的。在书中的具体分析里，也同样体现了功能主义学派理论方法的影响。例如在村落布局的分析中，作者敏锐地发现了新叶村以祠堂为中心的多层级团块式空间结构。村落中最早的住宅围绕着最为核心的祠堂"有序堂"分布；随着人丁繁衍，后人分房派建造分祠之后，每个房派又围绕各自的分祠建造住宅，形成团块；房派的后代再分支时，再在外围建造支祠，周围分布着本支系成员的住宅。以这种方式，村子不断扩张，但仍然保留了清晰的层级结构（图 4-9~ 图 4-12）。各级祠堂在村落中具有重要的社会功能，既是祭祀祖先的中心，也是婚丧嫁娶等重要礼仪活动的场所，是村中商议重要事项的地方，还可以满足年节演戏、迎接宾客等娱乐社交活动的需求。不过与西方村镇的教堂不同，祠堂并不承担与鬼神沟通的功能，这些功能由庙宇承担，分布在村落中相对次要的位置。完成新叶村这个案例研究之后，陈志华先生又带领乡土组开展了更多的研究，例如《楠溪江中游古村落》一书，开拓了以流域为线索的乡土聚落研究；对碛口、李家山等地的调查，涉及了商业、手工业等更多经济生产形式的村落，与费孝通先生在江村之后对云南三村的调查颇有遥相呼应之意。从 1989 年成立至今，乡土建筑研究组已经调查了数百个乡土聚落，出版了大量的学术成果，也推动了诸多乡土建筑与聚落的保护工作。这些工作的背后，呈现出的是与当年乡村学派一样严谨踏实的治学态度，以及知识分子的社会责任与时代担当。

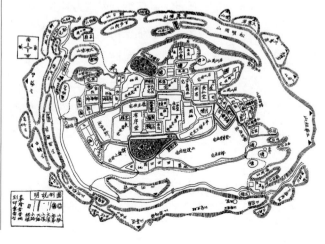

图 4-9　新叶村里居图

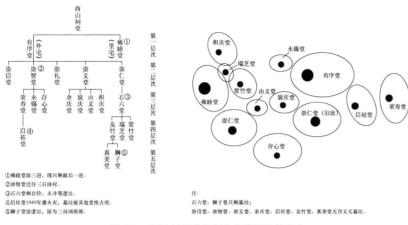

①雍睦堂原三进，现只剩最后一进。
②崇智堂迁住三石田村。
③石六堂剩台阶、天井等遗址。
④启祐堂1949年遭灾，基址被其他派占用。
⑤狮子堂留遗址，原为三间两搭厢。

注：
石六堂、狮子堂只剩基址；
崇信堂、崇智堂、崇义堂、余庆堂、启祐堂、友竹堂、真美堂存灭无基址。

图 4-10　新叶村祠堂及相应住宅团块的分布

图 4-11　新叶村有序堂室内

图 4-12　有序堂及周围住宅平面

4.4.2　华南学派与传统民居

乡土建筑的研究是 20 世纪晚期对于我国由来已久的传统民居研究的拓展。就 20 世纪后半叶的传统民居研究而言，以陆元鼎先生为代表的华南理工大学团队做出了极其卓越的贡献，并且也将包括人类学在内的诸多人文学科的理论方法引入民居研究，推动了这一领域研究的不断多元化发展。

陆元鼎先生与陈志华先生是同年生人，1952 年毕业后留校在华南工学院（今华南理工大学）任教，并且在刘敦桢先生等前辈的影响之下，选择传统民居作为自己的研究方向。在 20 世纪 50 年代末，当时的建筑历史学者们已经对只有帝王将相、才子佳人的建筑历史研究进行了反思，提出应当重视普通百姓的民间建筑。之后，陆先生带领学生开展了大量的田野调查，以广东为主要基地推进传统民居的研究。到了 20 世纪 80 年代，陆元鼎先生在中宣部组织的《中国美术全集》丛书编写工作中主导完成了《民居建筑》一书的编写，此书自 1984 年开始策划，历经 4 年于 1988 年出版，是我国最早的综合性民居研究专著之一 [27]。在 1988 年，陆元鼎先生还主持了全国第一次民居学术会议，自此以后，该会议薪火相传，直至今日，已经成为我国传统民居研究领域最重要的学术活动。

在长期的民居研究工作中，陆先生与华南理工大学团队提出了以民系为线索的民居研究范式，带有民族学、人类学的色彩。1981 年，历史学家、民族学家罗香林 ① 在《客家研究导论》一书中提出了南系汉人与北系汉人的概念，并将南系汉人分为越海系（今江浙系）、湘赣系、南汉系（今广府方言民系）、闽海系（今闽粤福佬系）、闽赣系（今闽赣粤客家民系）五大民系，这五大民系的地理范围与汉语方言分区的基本上是相对应的 [28]。受到这一研究成果启发，陆元鼎将汉族民系的理论模型引入了民居研究之中。他认为，我国历史中有数次大规模移民潮，南迁的中原文化与本土的百越文化经过不同历史时期的整合与分化，形成了我国南方汉族聚居区域内的五大民系；其各具特色的地域自然与人文环境，形成了不同的居住模式。因此，南方汉族的民居研究应当把民系作为一个主要的线索。民系的形成需要三个基本条件：一是共同的方言，作为交流、沟通思想的基本手段；二是共同的生活方式和生活习俗，是人们共同活动和生产的基础；三是共同的心理素质和信仰，是共同文化和共同性格的表现 [29]。汉族的几个民系，既有汉族文化的共同特征，也有各自的独特性格，这些异同，最终会通过民居建筑表现出来。1993 年至 1995 年，陆元鼎团队完成了国家自然科学基金"客家民居形态、村落体系与居住模式研究"，运用民系范式对客家地区的传统民居建筑进行了深入的研究，形成了潘安的《客家聚居建筑研究》等成果。此后，团队又继续扩展视野，在国家自然科学基金"南方民系、民居及其居住模式研究"项目中开展了东南五大汉族民系（越海、闽海、湘赣、客家、广府）民居的研究，形成了余英的《中国东

---

① 罗香林于 1926 年考入国立清华大学史学系，并兼修社会人类学。

南系建筑区系类型研究》、戴志坚的"闽海系民居建筑与文化研究"、刘定坤的"越海系民居建筑与文化研究"、王健的"广州民系民居建筑与文化研究"等重要成果。民系范式下的民居研究采用了社会文化的整体视野，把民居建筑放到整个社会文化系统中去，把建筑现象与更广泛的社会文化环境结合起来，是对此前以行政区划为主要分区依据的研究范式的开创性更新与发展。

今日，我国的传统民居与乡土建筑研究欣欣向荣，研究团队日益壮大，研究方法也日益多元化。在这个过程中，人类学、社会学等人文学科的视角、理论和方法，为建筑文化的研究带来了丰富的养分，也定会在将来继续启发这一领域的不断发展。

参考文献

[1] 奈吉尔·巴利. 天真的人类学家：小泥屋笔记 & 重返多瓦悠兰 [M]. 何颖怡，译. 南宁：广西师范大学出版社，2011：ii.

[2] 夏建中. 文化人类学理论学派——文化研究的历史 [M]. 北京：中国人民大学出版社，1997：69.

[3] 拉德克利夫·布朗. 社会人类学方法 [M]. 夏建中，译. 济南：山东人民出版社，1988.

[4] ALFRED RADCLIFFE-BROWN. The Andaman Islanders：A Study in Social Anthropology[M]. Glencoe, IL：Free Press，1948.

[5] ALFRED RADCLIFFE-BROWN. Functionalism：A Protest. American Anthropologist，1949，（2）：320-321.

[6] 马林诺夫斯基. 文化论 [M]. 费孝通，等译. 北京：中国民间文艺出版社，1987.

[7] ABRAM KARDINER, EDWARD PREBLE. They Studied Man[M]. Cleveland：World Publishing，1961：160-186.

[8] BRONISIAW MALINOWSKI. Argonauts of the Western Pacific：An Account of Native Enterprise and Adventure in the Archipelagoes of Melanesian New Guinea[M]. Routledge and Kegan Paul，1922.

[9] ROBERT REDFIELD. The Folk Society[J]. American Journal of Sociology，1947，52（4）：293-308.

[10] ROBERT REDFIELD. The Folk Culture of Yucatan[M]. Chicago：University of Chicago Press，1941.

[11] ROBERT REDFIELD. Peasant Society and Culture：An Anthropological Approach to Civilization[M]. Chicago：University of Chicago Press，1956.

[12] 吴文藻. 吴文藻自传 [J]. 晋阳学刊，1982（6）：48.

[13] 吴文藻. 吴文藻人类学社会学研究文集 [M]. 北京：民族出版社，1990：122-123.

[14] 费孝通. 略谈中国的社会学 [J]. 社会学研究，1994（1）：3-4.

[15] 拉德克利夫-布朗. 对于中国乡村生活社会学调查的建议 [G]// 社区与功能——派克、布朗社会学文集及学记. 吴文藻，编译. 北京：北京大学出版社，2002：304.

[16] 徐杰舜，刘冰清. 乡村人类学 [M]. 银川：宁夏人民出版社，2000：158-159.

[17] 林耀华. 从书斋到田野 [M]. 北京：中央民族大学出版社，2012：37.

[18] 林耀华. 金翼：中国家族制度的社会学研究 [M]. 北京：生活·读书·新知三联书店，1989.

[19] 王铭铭．社会人类学与中国研究 [M].北京：生活·读书·新知三联书店，1997：66.

[20] 费孝通，王同惠．花篮瑶社会组织 [M].南京：江苏人民出版社，1988.

[21] 费孝通．江村经济 [M].上海：世纪出版集团，2006.

[22] 费孝通，张之毅．云南三村 [M].天津：天津人民出版社，1990.

[23] 费孝通．乡土中国 [M].上海：世纪出版集团，2007.

[24] 陈志华．北窗杂记——建筑学术随笔 [M].郑州：河南科学技术出版社，1999：420-463.

[25] 楼庆西．中国古村落：困境与生机——乡土建筑的价值及其保护 [J].中国文化遗产，2007（2）：10-29.

[26] 李秋香，陈志华．新叶村 [M].北京：清华大学出版社，2011.

[27] 陆琦，赵紫伶．陆元鼎先生之中国传统民居研究渊薮——基于个人访谈的研究经历及时代背景之探 [J].南方建筑，2016（1）：4-7.

[28] 罗香林．客家研究导论 [M].上海：上海文艺出版社，1992.

[29] 陆元鼎．中国民居建筑（上卷）[M].广州：华南理工大学出版社，2003：58.

05

成规日新：
结构主义与建筑的意义

5.1 结构主义：20 世纪的潮流

在 20 世纪 50—70 年代的西方，结构主义的功成名就可以说是毋庸置疑的。这股潮流不仅影响到了诸多人文学科，也进入了人们的日常生活。20 世纪 60 年代，在结构主义的根据地法国，甚至有一位国家足球队的教练宣称，要用结构主义的原则来组织他的队伍 [1]。

"结构"一词，在拉丁语中为"struere"，直接来自"structura"。这个词语最初的意思是指建造大楼的方式。到了 17、18 世纪，这个词的词意有所拓宽，被用来描述多种多样的事物，例如，人们开始把人体、语言等其他有构成规律的事物也视作某种建筑结构。慢慢地，结构就成了一个用于描述局部构成整体的过程的术语，被用在解剖学、心理学、地质学、数学等多个学科之中 [2]。1895 年，埃米尔·迪尔凯姆（Émile Durkheim）在《社会学方法的规则》一书中使用这一术语，把"结构"概念引入了社会科学 [3]。而"结构主义"这个词的完全确立则要更晚一些，从韦伯斯特词典各个版本的收录情况来看，直到 1953 年的版本中，"structuralism"仍然只在"structural"一词的内文中被提及 [4]，在 1955 年及之后的版本中才持续地作为一个独立词条出现。可以说，结构主义这个词的历史并不算久，但是却在半个世纪中从一个新生概念快速地成为了一个炙手可热的流行术语。

在本书所关注的建筑学与文化人类学这两个学科中，结构主义都留下了深刻的印记。在文化人类学中，列维·斯特劳斯等人类学家在语言学的启发之下，把结构主义的方法运用到亲属关系、神话传说、仪式习俗等诸多文化现象中，形成了极其广泛而深远的影响，直到今天仍然令人瞩目，列维·斯特劳斯也被冠以了"结构主义之父"这样的称号。可以说，人类学是把结构主义思潮推向顶峰最重要的推手。"结构主义"这个词在 20 世纪中期回到了"结构"一词最初的词意所在——建筑学领域，用来指称以阿尔多·凡·艾克（Aldo van Eyck）、赫曼·赫兹伯格（Herman Hertzberger）等建筑师为代表的活跃在荷兰的建筑流派。

人类学与建筑学中的结构主义思潮，有着诸多显而易见的相似之处：它们的名号相同，流行的时间大致相近；它们都使用语言学化的方式和二元对立的概念组合来表述自己；它们关注的对象也有交叠，譬如日常生活、乡土建筑等。并且，结构主义建筑流派的代表人物赫兹伯格也明确地宣称了其结构主义思想和人类学（包括语言学）结构主义的相关性。然而，这两者在多大程度上相似或者不同，在发展过程中是同源共生，还是先后继承，或是彼此交缠的关系？结构主义人类学进行过哪些与建筑相关的研究，建筑学又是如何理解和应用结构主义思想的？这是本章试图要讨论的内容。

5.2　语言学的推动

就结构主义在 19—20 世纪的发展而言，最初强有力的推动来自语言学。其思想的发端始于瑞士语言学家索绪尔，他在 1878 年发表的著作《印欧语元音的原始结构》中，提出人类的语言具有某种共同的结构，在语音、语法、语源等方面都能发现许多一致性的普遍现象，譬如许多民族的语音中的元音都十分相似。当时，索绪尔尚未用"结构"这个术语来描述语言的这种普遍性，而是用了"习俗"一词，但是在研究思路上已经呈现出了与此前的历史比较语言学不同的特点，就是把所研究的语言看作是一个有规律的系统，从整体上来进行考察[5]254。在之后的著作《普通语言学教程》中，索绪尔进一步阐明了他的这一思想[6]。他认为，语言应当作为一个完整的符号系统来看待，语言之所以能产生意义，不是因为符号本身的音响形象或所指概念，而是因为符号之间的组合关系，这些关系构成的网络系统就是语言的结构。进而，他又发展出了一系列术语来描述语言的普遍性结构。例如，索绪尔提出了"语言"（langue）和"言语"（parole）这对概念。"语言"是社会性的，它不受个人意志的支配，是社会成员共有的一种社会心理现象；"言语"则是受个人意志支配的，它带有个人发音、用词、造句的特点，但是不管个人特点如何不同，仍然可以在社群中互通。再如，他在语言是一种符号系统这一观点的基础上，提出了"能指"（signifier）和"所指"（signified）这对概念。"所指"指的是语言符号所反映的事物概念；"能指"指的是声音的心理印迹或音响形象。有了这对概念，社会生活中的诸多其他符号系统也就可以和语言一样进行类似的解析了。

在索绪尔的影响下，研究语言本身结构系统的"内部语言学研究 ①"成为一个快速发展的领域，布拉格学派的领军人物、结构主义语言学家罗曼·雅各布森（Roman Jakobson）就是其中的一位佼佼者。他在语言的结构研究中提出了"区别性特征"（distinctive features）理论，来分析语音中的最小单位——音素的区别点，进而发现音素之间的关系中最基本的类型就是二元对立的关系，例如清音 - 浊音、元音 - 辅音等。并且，这一结论具有普遍的适用性，在世界上的诸多语言中都得以适用 [7]。这一二元对立的分析方法，产生了超出语言学学科的影响，直接启发了人类学的结构主义之父——列维·斯特劳斯，并进而成为结构主义思潮中的标志性特征之一。

5.3 人类学的发展

5.3.1 列维 - 斯特劳斯：结构主义之父

结构主义走出语言学，对更广泛的社会文化研究产生影响，很大程度上是通过文化人类学这一学科的推动而实现的。这其中最重要的一位人物就是人类学结构主义的开创者、法国人类学家列维·斯特劳斯。1945 年，他在雅各布森创办的语言学杂志上发表了《语言学和人类学的结构分析》一文，第一次表露出要把结构主义的方法引入人类学的意向；1955 年，他基于早年在南美地区的调查写就了代表作《忧郁的热带》，成为人类学结构主义思潮产生的标志 [5]255。到

① 与之相对的"外部语言学"，指的是对语言与民族、文化、地理、历史等方面的关系进行的研究。

了 1958 年，在出版其代表作《结构人类学》时，列维·斯特劳斯已经明确宣称要进行一场"哥白尼式的革命"，将语言学融入更广阔的领域，把亲属关系、庆典仪式、婚姻法规、图腾制度、烹饪习惯以及其他文化和社会实践当作语言来研究。他希望借用语言学的方法发掘出文化深层与语言相似的特点，通过这种方法"把握隐含在每一种制度与习俗后面的无意识结构"，对人类的心灵有所认识 [8]21, 77。

对于列维·斯特劳斯而言，人类学结构主义与语言学的关联并不仅仅体现在其个人经历和宣言中，也切切实实地体现在具体的理论内容中。以其代表性的神话研究为例，类似于雅各布森在语音分析中的最小单位——音素，列维·斯特劳斯也在神话研究中提出了"神话素"的概念，作为神话叙事的基本单位。与索绪尔对语言的意义来自符号间的组合关系这一论述类似，列维·斯特劳斯也认为神话的意义来自神话素之间以某种方式被组合起来，神话素本身作为孤立的单元是无法产生意义的。在这一点上，神话的运行方式和语言是一样的。譬如说，他以语言学化的方式解读了著名的关于俄狄浦斯的古希腊神话①。他把整个神话分解为若干个事件，即构成神话的基本单元"神话素"，然后把这些事件按照共同特征分组排列，结果发现它们相互之间呈现出了结构性的关系（表 5-1）。从左至右，第一组事件的共同特点都是对血缘关系估计过高，第二组事件则都反映出了对血缘关系估计过低，两组是相对立的；第三组都是人类战胜怪物、否定人由土地而生，而第四组则是人类自身的残缺怪异、肯定了人由土地而生，这两组也是相对立的。

---

① 俄狄浦斯是古希腊神话中的一个悲剧人物，是忒拜国的王子。忒拜国由卡德摩斯所创立，他曾经杀死巨龙，播种龙牙得到了武士"斯帕托斯"。俄狄浦斯的父亲是忒拜国的其中一任国王拉伊俄斯。拉伊俄斯还未登上王位时，幼年丧父，遭人迫害，投奔了珀罗普斯，为他的儿子克律西波斯做家庭教师。但是拉伊俄斯却爱上了克律西波斯，并最终导致了他的死亡，因而受到珀罗普斯的诅咒，诅咒他将来会被自己的儿子所杀死。为了避免诅咒成真，拉伊俄斯一直避免诞下子嗣，但还是意外地生下了俄狄浦斯，于是就把他遗弃于荒野。但是俄狄浦斯活了下来，被科林斯国的国王抚养成人。长大后的俄狄浦斯听到了德尔菲神殿的神谕，说自己会弑父娶母，他并不知晓自己的真正身世，为了避免发生这样的悲剧，便离开了科林斯国。此时，俄狄浦斯的生父拉伊俄斯因为自己的国人遭受狮身人面的女妖斯芬克斯的威胁，去往德尔菲寻找击退女妖的办法，在途中遇到了俄狄浦斯。互不相识的两人在路上发生了争斗，最后俄狄浦斯杀死了拉伊俄斯。之后，俄狄浦斯来到忒拜国，破解了斯芬克斯的谜语，被人们推选为国王，并且按照习俗与之前的王后，也就是自己是生母成婚，应验了"弑父娶母"的神谕。

表 5-1　列维·斯特劳斯对俄狄浦斯神话的解析

分组	事件组一	事件组二	事件组三	事件组四
事件	卡德摩斯寻找被宙斯劫走的妹妹欧罗巴			
			卡德摩斯杀龙	
		龙种武士们自相残杀		
				拉布达科斯（拉伊俄斯之父）＝瘸子（？）
		俄狄浦斯杀其父拉伊俄斯		
				拉伊俄斯（俄狄浦斯之父）＝左腿有病的（？）
			俄狄浦斯杀斯芬克斯	
				俄狄浦斯脚肿的（？）
	俄狄浦斯娶其母伊俄卡斯忒为妻			
		埃忒奥克勒斯杀死其弟波吕涅克斯		
	安提戈涅不顾禁令安葬其兄波吕涅克斯			
特征	对血缘关系估计过高	对血缘关系估计过低	人类战胜怪物	人类自身的残缺怪异

来源：据文献 [8]P50~51 绘制。

而且，经过对一系列神话进行类似"语法"的解读，列维·斯特劳斯发现，神话之间的关系也和雅各布森在"区别性特征"理论中所说的音素之间的关系十分类似，它们往往也成对出现，呈现出二元对立的关系，并在不同的层次上起着结构性作用。他进而认为，二元对立关系就是神话的根本特征[8]。

5.3.2　皮埃尔·布迪厄与卡拜尔民居

列维·斯特劳斯作为最富盛名的人类学家之一，有着众多的拥戴者，青年时期的人类学家、社会学家皮埃尔·布迪厄就是其中之一。在阿尔及利亚的田野调查中，布迪厄在列维·斯特劳斯的理论范式下完成了卡拜尔民居的研究①。他把卡拜尔文化的许多方面的资料搜集起来、誊写在 1500 张卡片上，然后制作索引和

———————————

① 布迪厄自阿尔及利亚回到巴黎后，多次参与列维·斯特劳斯主持的学术研讨会和人类学博物馆的民族志学讲座，并在列维·斯特劳斯的理论范式下完成了卡拜尔民居的研究。

分析资料之间的结构关联，写成了论文《卡拜尔民居或反转的世界》（The Berber House or The World Reversed）。

在对典型的卡拜尔人民居进行了一番白描式的介绍后，布迪厄提出，此类民居形式仅从功能出发是无法充分解释的，其根本性的决定因素，是与卡拜尔的神话 - 仪式系统紧密相连的信仰和实践模式，这一模式是卡拜尔人社会的核心组织原则，它们的民居也正是"依照那套同时也支配着整个宇宙的二元对立体系而组织起来的"[9]。接下来，他详细地论述了卡拜尔人关于自然世界、季节交替、日夜更迭、生命循环、繁衍后代等的观念，如何反映在朝向、形式、布局、物品及其功能的象征意蕴等居住建筑的属性中，如何以二元对立（如男—女、高—低、人—畜、昼—夜、湿—干等）的形式表达出来，并通过层级化的结构联结成了一个完备而平衡的系统（图 5-1、图 5-2）。例如，布迪厄以"男—女"这对二元对立的概念，对建筑元素及其布置进行了详细的解读。首先，他从"男人是屋外的灯，而女人是屋里的灯"这一卡拜尔谚语中推导出，卡拜尔人将室外定义为男性的，将室内定义为女性的，因而，对于房屋的男性解读与女性解读也就是二元对立的。房屋对男人来说更大意义上是一个要走出来的地方，对女性则是要进去的场所，因此一面墙若对男性而言是东墙，对于女性来说就成为西墙，反之亦然。进一步地，西内墙由于正对大门而沐浴在阳光中，故而叫"光之墙"，它与女性一样和黎明、春季、繁殖、织机上的劳动等相关联；而东内墙由于背向大门与阳光而被称为"暗之墙"，与储水处、男人卧处和房屋尽端黑暗的畜舍相关联。类似地，房屋中的山墙、立柱等也可以进行同样的解读，使得房屋中建筑元素的体系呈现出一种内在的对称性和对立性，可以来回翻转，房屋的门线就是这种 180°内外翻转的轴线——这也是这一研究名称的来源。

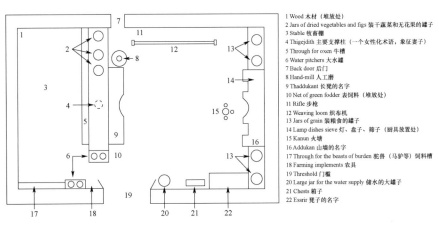

1 Wood 木材（堆放处）
2 Jars of dried vegetables and figs 装干蔬菜和无花果的罐子
3 Stable 牧畜棚
4 Thigejdith 主要支撑柱（一个女性化术语，象征妻子）
5 Through for oxen 牛槽
6 Water pitchers 水大罐
7 Back door 后门
8 Hand-mill 人工磨
9 Thaddukant 长凳的名字
10 Net of green fodder 表饲料（堆放处）
11 Rifle 步枪
12 Weaving loom 织布机
13 Jars of grain 装粮食的罐子
14 Lamp dishes sieve 灯、盘子、筛子（厨具放置处）
15 Kanun 火墙
16 Addukan 山墙的名字
17 Through for the beasts of burden 驮兽（马驴等）饲料槽
18 Farming implements 农具
19 Threshold 门槛
20 Large jar for the water supply 储水的大罐子
21 Chests 箱子
22 Essrir 凳子的名字

图 5-1　卡拜尔民居平面示意图

jusqu'alors localisés vers la frontière et dans le Sahara oriental.

VILLAGE KABYLE.

图 5-2　卡拜尔民居

诚然，布迪厄也意识到结构主义的方法过于静态，对于空间积极建构社会文化的能力关注不足，并在之后提出了"实践理论"以从主体能动性上弥补结构主义静态性的缺陷，但不可否认的是，他对于卡拜尔民居的研究成为了结构主义范式下建筑研究的范例，对此后住宅空间与形式的研究颇有影响，尤其是在该研究被收入列维·斯特劳斯 60 岁寿诞的纪念论文集后更是如此 [10]。

5.3.3　亨利·格拉西与弗吉尼亚民居

在布迪厄这一范例性的研究问世数年之后，大西洋彼岸的民俗学家亨利·格拉西发表了他对于弗吉尼亚中部民居的研究，其中同样借鉴结构主义形成了其建筑分析的主要方法。他认为，这些民居建筑就像语言一样，是建造者与居住者思想的表达，也就像索绪尔眼中的语音一样是一种集体的习俗，因而也可以用一套语言学化的方法来类比分析。在设计者应用材料和技术，把头脑中的想法建造成一栋看得见、摸得着的房屋的过程中，存在着一系列的技术规则来引导其建造决策和行为。这一套规则，就像语言中的语法一样，虽然有时候并不被使用者清晰地意识到，但是却实实在在地引导着人们的行为，进而反映在建筑实体上。因而，建筑也和语言一样，可以就其建筑能力（architectural competence）进行"结构化的研究"（structural analysis）[11]。

在具体工作中，格拉西首先调研测绘了弗吉尼亚中部的 338 栋民居，以其平面图与立面形式为主要的分析材料，然后结合访谈，解读了当地房屋建造的流程

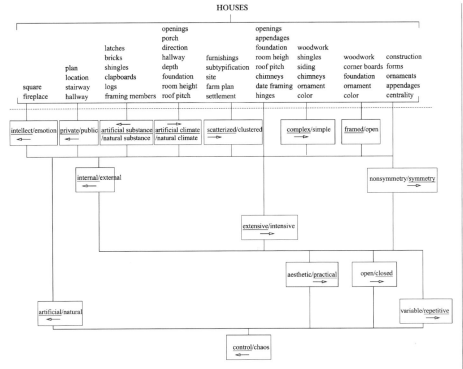

图 5-3　弗吉尼亚民居的建造"语法"

步骤以及其中的决策逻辑，即建造"语法"（图 5-3），包括设计者如何从选择一个矩形出发，运用若干模数尺寸来组合形成房屋的平面布局设计，然后在此基础上决定房屋的层数、进深房间数、烟囱的位置、门窗的开法等。与布迪厄对自身研究的反思类似的是，格拉西也对完全的共时性研究的静态性抱持着谨慎态度，没有忽视对研究对象的历时性解读。在对这些民居建筑进行了建造语法的分析之后，他并没有止步于此，而是根据建筑语汇的构成特征对它们进行了分类，进一步讨论了其中不同的建造类型之间演变发展的源流谱系，并分析了地方建造传统更新发展的机制，认为建筑的变迁作为物质实证，同时也记录了历史过程中地方思想的发展与演进。

可以看到，人类学家、民俗学家对于房屋建筑的研究，和他们对于亲属制度、神话传说、图腾崇拜、礼仪习俗的研究一样，其基本思路都是"以物见人"，通过物质空间的解读去寻找其背后所承载的文化的深层结构。通过这种结构化的分析，在纷繁复杂的文化现象中，归纳和寻找其中相对稳定的、持久的、普遍的规律。其中，自语言学影响而来的二元对立的思维方式是尤为突出的，从雅各布森的语言研究，到列维·斯特劳斯的神话研究，再到布迪厄的建筑研究，这一思维范式可谓一脉相承。

5.4　建筑学的冠名

5.4.1　冠名：赫曼·赫兹伯格

相较之下，结构主义在建筑学中的脉络要更曲折一些。这个概念的提出常追溯到凡·艾克的学生皮德·布洛姆（Piet Blom）^①，然而其详细的定义阐述则是由赫兹伯格完成的，在 1966 年展示范肯斯沃德（Valkenswaard）市政厅的设计时，赫兹伯格第一次清晰地陈述了结构主义的概念 [12]37。

在论述其结构主义思想时，赫兹伯格明确地把它与语言学和人类学中的相关理念联系在了一起。他提到了列维·斯特劳斯，认为其对于集体模式与个体阐释之关系的讨论对于建筑学来说是非常有启发性的，在建筑设计中引入人类学的洞见，可以帮助设计者构建建筑元素之间的秩序，在建筑整体及其与城市文脉的关系中形成宜人的尺度。他也提到了索绪尔及其"语言"和"言语"的概念，认为前者就如同建筑中共享的空间结构，后者则好比人们在空间中个体化的阐释，并且认为语言和思想是相互塑造的，人们会像他们思考的那样去表达，也会像他们表达的那样去思考。他还提到了另一位语言学家艾弗拉姆·诺姆·乔姆斯基（Avram Noam Chomsky），后者同样认为所有的语言背后都可以追溯到某种潜在的模式，即一种与人类先天能力相联系的"生成性语法"，就像一种原型一样；那么不同文化中的形式和空间组织也可以类似地追溯到人类对某种建筑形式（arch-form）的先天阐释上。此外，赫兹伯格还提到了乔姆斯基的"能力"（competence）和"表现"（performance）的概念^②，认为建筑师的任务就是要提供具有"能力"的空间，以供使用者通过日常生活对其进行"表现"。最终，他也同样用了三对二元对立的概念组来概括结构主义的核心要义：首先是社会与个体（social and individual），既要通过结构确保社会性的共享关系，也要给个体的差异留下余地；

---

① 皮德·布洛姆的设计曾经在 1959 年的 CIAM 会议上（也是十次小组成立的那次会议）以及 1962 年十次小组的会议上被凡·艾克展示过，后来他也成为荷兰结构主义建筑流派的代表人物之一，其代表作是荷兰鹿特丹的 Cube Houses。

② 在乔姆斯基的理论中，能力指语言形式的潜力，表现指具体情境中对语言形式的阐释。

其次是自由与规则（freedom and rules of play），设定清晰简洁的规则可以最大程度地带来自由，最大限度地使用给定的空间；最后是可持续性与变化（sustainability and change），结构是持久性的，同时也是开放的，可以适应随时间而发生的变化[13]。总之，"每一栋建筑都应当有一套普遍性的结构、一个普遍性的框架来支持任何给定的活动，也要易于安排……规则是普遍性的，但下一步的可能性是无穷的[14]。""真正的结构主义可以向我们展示，建筑能如何给予共性更多关注，作为空间的一个重要起点……结构主义为个性与共性的对话提供了机会"。结构主义的语言学根源，在于语言/建筑被作为"一种共同的工具，让人们以各自的方式来表达自己[12]39。"

　　基于这样的理论，赫兹伯格对戴克里先宫殿（Diocletian's Palace）给予了高度评价。这处古罗马时期的建筑群被弃用之后，其遗址在漫长的历史进程中逐渐演变成了一座城市［即今天克罗地亚的古城斯普利特（Split）］，得到了第二次生命。原先宫殿中的走道变成了城市中的街道，房间变成了住宅，主殿则变成了城市的广场。从宫殿变为城市，空间的结构和秩序仍然被延续了下来（图5-4~图5-7）。类似地，纽约的曼哈顿城区、柯布西耶的阿尔及利亚规划等案例也得到

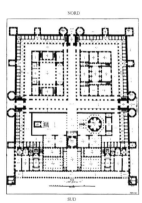
图 5-4　戴克里先宫殿平面图

图 5-5　戴克里先宫殿复原图

图 5-6　斯普利特古城平面图

图 5-7　斯普利特古城风貌（1910 年）

了赫兹伯格的认可，它们都既给出了一个有效的基本空间结构，又为其中的使用者提供了充分的可能性来开展不同的活动。

同时，赫兹伯格也在 Diagoon 住宅、LinMij 扩建项目、De Drie Hoven 疗养院等一系列个人创作中积极地实践着结构主义理念，其通过基本单元的组合来形成建筑的设计手法也越来越明朗和成熟，并在结构主义代表作——中央保险大厦中得到了淋漓尽致的展现。赫兹伯格设定了一个正交方格网的轴网，然后沿着这个轴网组织钢筋混凝土框架结构和混凝土砌块来形成立方体状的空间（图 5-8、图 5-9）。每个立方体单元中都设置板、柱、照明槽和服务管道，形成基本的工作平台，在这些平台上设置桌、椅、柜、床、办公设备等，就可以将这些平台灵活组合，通过空间调度与室内布置，形成不同大小、满足不同使用需求的工作站[①]。这些平台不同程度地向周围开放，在接纳自然光线的同时也形成了街道化的内部氛围，就像前文提到的戴克里先宫殿一样，呈现出建筑感与城市感相融合的状态（图 5-10）。

图 5-8　中央保险大厦鸟瞰图

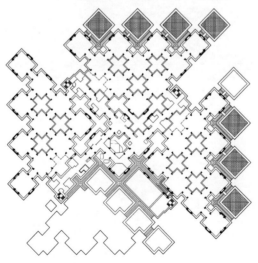

图 5-9　中央保险大厦平面图

----

① 2019 年，赫兹伯格又完成了这栋大厦改作住宅楼的设计方案，进一步实践了其理论。

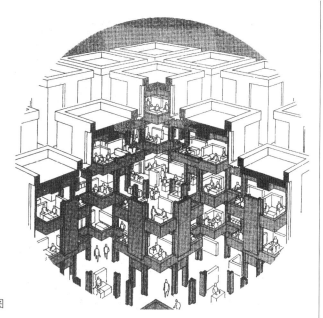

图 5-10　中央保险大厦内部图

5.4.2　回溯：阿尔多·凡·艾克

不过，比起语言学或者人类学的起源，建筑学中的结构主义思想与实践在后人的评论中更多地被与赫兹伯格的前辈——凡·艾克联系在一起，后者从各个方面来看，都对赫兹伯格的结构主义思想产生了重要的影响。

从职业经历上看，凡·艾克可以说是赫兹伯格重要的导师之一。1958 年，凡·艾克加入现代主义建筑的重要批判力量——十次小组（Team X），成为其核心创始成员之一，此时是赫兹伯格在代尔夫特求学的最后一年。1959 年，凡·艾克与代尔夫特理工大学的教授雅各布·贝克玛（Jacob Bakema）等人重组了建筑杂志《论坛》（Forum）的编辑部，把它建设成了其理论阵地，倡导建筑设计的人文回归。这一年，刚刚毕业的赫兹伯格就受凡·艾克的邀请，作为青年一代的代表加入了这个团体，负责整理资料、联系作者、翻译文本和写作等工作。自此开始，赫兹伯格不仅与凡·艾克有了密切合作，也随之参与到了十次小组的交流中，1965 年、1966 年两次参加了十次小组的正式会议。赫兹伯格曾经表示，在《论坛》杂志社的这段经历相当于是他的研究生教育，而他本人也可以说是"十次小组的产物"[12]33-36。

从设计思想上看，赫兹伯格也受到凡·艾克的深刻影响，而后者具有人类学色彩的经历，以及对于人的永恒性的关怀，在十次小组中是独树一帜的[15]308。譬如，就空间秩序而言，凡·艾克曾经到访过非洲、中东、北美等地的诸多人类学田野点，在"kasbah"等乡土建筑形式的启发下提出了"迷宫式的清晰"

(labyrinthian clarity）这一理念，即在一个清晰的、可识别的框架中蕴含丰富的意义；这与赫兹伯格所说的空间的"多价性"（polyvalence）十分相似，即在普遍性的空间结构中给予使用者多样化的阐释可能。又如，从创作目的来看，凡·艾克坚持建筑设计是服务于人的，而不是形式的游戏，因此他对于"国际式"建筑形式化的方盒子，以及后现代主义中用历史片段来装点建筑的做法都并不认可；类似地，赫兹伯格也认为，创造适宜的空间，并使其通过使用者的日常生活形成场所才是建筑设计的核心。再如，从表述方式来看，凡·艾克常使用成对的概念，例如在观察中关注简洁 - 复杂、持续 - 变化、古典 - 现代等"双生现象"（twin-phenomena），在创作中则强调内 - 外、局部 - 整体、建筑 - 城市之间的"互惠"（reciprocity）；类似的二元结构也被赫兹伯格使用，并为他把建筑学和语言学的结构主义联系起来提供了基础。进一步地，在这种二元化的表述方式下，成对概念之间的连接领域成为他们共同的关注点，凡·艾克用"之间"（in-between）来描述这个具有模糊性的领域，而赫兹伯格则最终聚焦到了如何连接建筑与人这个问题上[12][16]。

这种在经历和思想上的紧密联系，也同样反映在设计作品上。凡·艾克在 1960 年完成了他久负盛名的结构主义建筑代表作——阿姆斯特丹孤儿院（Amsterdam Orphanage）。这座建筑采用了单元式的平面，以 3.6m×3.6m 的格网作为平面组织的模式尺寸（图 5-11、图 5-12）。从空间组织上，建筑根据孩子们的年龄段和性别，为他们各自提供了 10.8m×10.8m 的起居单元，其中既可以活动，也可以就餐，并附带有室外场地；这些起居单元和剧场、图书馆、办公室等其他功能空间之间以廊道连接，形成了具有街道意象的空间（图 5-13）。从建造体系上，每个单元由柱子、预制连系梁和现浇穹顶构成，小的平面单元以 3.6m×3.6m 的穹顶覆盖，起居单元则以 10.8m×10.8m 的覆盖；柱子之间通过玻璃窗或者玻璃砖提供采光，或者用双层墙填充。在这座建筑中，我们可以看到凡·艾克所倡导的一系列设计理念。例如，建筑在平面布局和立面处理上都可以清晰地辨认出空间与结构的整体秩序，但内部又有着十分丰富的空间体验，形成了"迷宫式的清晰"；其中穹顶的应用，不仅强化了单元式的秩序，也形成了更具有庇护感的空间氛围，被认为与其所青睐的北非乡土聚落中的建筑形式有着密切联系；而复合功能的起居单元的组织，街道与广场等空间意象的出现，模糊了建筑与城市的界限，为其"房屋如城市，城市如房屋①"的引述提供了有力的注解[16][17]。

---

① A house is like a small city, and a city it is also a big house.

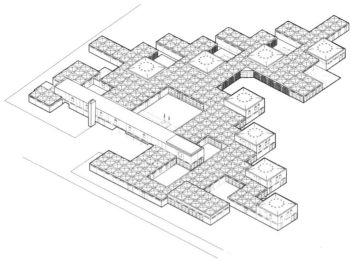

图 5-11　阿姆斯特丹孤
儿院鸟瞰图

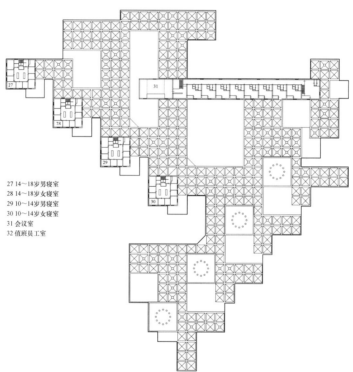

27 14～18岁男寝室
28 14～18岁女寝室
29 10～14岁男寝室
30 10～14岁女寝室
31 会议室
32 值班员工室

图 5-12　阿姆斯特丹
孤儿院平面图

图 5-13　阿姆斯特丹
孤儿院内部图

5.5　讨论：建筑学与人类学的邂逅

　　行文至此，再回到文章开篇的问题，人类学与建筑学这两个学科中流行于 20 世纪中后期的结构主义思想之间的关系，就大致已经可以窥见一二了。从学科命名而言，两个学科中的结构主义使用的都是源于语言学的"structuralism"，两者也都使用语言学化的方式来表述各自关注的对象。但从内容而言，这两股思潮在脉络和焦点上又不尽相同，荷兰建筑虽然在结构主义盛行的 20 世纪 60 年代以此冠名，但它的形成和发展更多地要放在"二战"后现代主义建筑的发展以及荷兰建筑的背景中去理解。可以说，两者之间并非是密切的承袭或交织关系，而更像是两个学科间的一次邂逅。

　　就形成发展的脉络而言，人类学的结构主义受到语言学的直接启发，同时在本学科内部对于人类社会与人类意识之共性的关注早已有之，有其思想基础；例如迪尔凯姆对于社会事实的论述，马塞尔·莫斯（Marcel Mauss）对于社会交换的研究等，都对列维 - 斯特劳斯产生过影响 [5]257-259。而建筑学的结构主义，更应放到现代主义的进程中来解读。十次小组对 CIAM 的冲击，其根本目的是对"二战"后现代主义中僵化的功能主义教条的批判。其中，凡·艾克又由于其个人经历而形成了独特的建筑思想，奠定了结构主义的基础。凡·艾克对空间秩序的观念，一方面受到先锋派艺术（Avant-garde）、风格派运动（De Stijl）的影响，呈现出扁平的层级和极具构成感的形态，对相对性（relativity）的关注也源于此 [16]15。另一方面，他对传统的重视增添了其人文主义色彩。凡·艾克到访过非洲、中东、北美的诸多乡土聚落，从"房屋如城市，城市如房屋"的体验中提炼出了其核心理念——"迷宫式的清晰"，并把"伟大的乡土"（grand vernacular）作为对抗现代主义之异化的重要源泉。他尤其细致地考察了著名的人类学田野点——多贡人（Dogon people）的地方社会，深受其双生式宇宙观的启发，进一步形成了二元对立概念组的表述方式 [18]。这些经历颇具人类学色彩，但并无明显的证据显示出与人类学家有直接联系。

　　就具体的关注焦点而言，人类学的结构主义更关注恒常性。人类学家们广泛地考察各种文化现象，关注其中不同元素之间的相互关系，以及这种相互关系如何通过一个抽象而恒定的结构来表达文化的意义。而建筑学的结构主义却在其发展过程中越来越倾向于关注开放性。如果说在凡·艾克与赫兹伯格早期的论述中，结构的恒常性与内容的开放性尚处于并重地位，20 世纪 70 年代后的情况显然发生了改变。赫兹伯格的关注点逐渐聚焦到了社交空间上，即如何创造宜人的形式来激发使用者丰富的个体化调用（appropriation），把空间转化为场所 [19][20]。评论家们也把开放性作为结构主义的重点，例如肯尼斯·弗兰姆普敦（Kenneth Frampton）在评论中央保险大厦时，强调的是建筑师在设计中没有完成全部工作，而是鼓励使用者参与建筑的塑造，认为这种为未来变化留下的开放性正是结构主义的特征性表达 [15]，这一点在阿诺夫·吕辛格（Arnolf Lüchinger）的写作中也是如此 [21]。在一些评论中，甚至建筑电讯（Archigram）这样极度强调可变性的建筑也被划入了结构主义的范围 [22]；不过，赫兹伯格或许并不认同这一点，他所指的空间的多价性与可变性（flexibility）不同，后者是中性的，而前者是具有启发性的，可以在使用者的阐释和调用下承载多重意义 [12]496。

这些差异，很大程度上是由两个学科本身的特质所决定的。人类学更关注解释世界，因而在对既有文化现象的阐释中更倾向于关注纷繁表象后的恒久法则。而建筑学的目标是改造世界，建筑对社会的干预不仅在于创造物质空间，还在于建成后持续地参与日常生活，因此建筑师更倾向于讨论恒定结构上变化的部分，考虑建成后的不同场景。就像凡艾克声明的那样："我们对这巨大的多样性一无所知，无能为力，不论是建筑师、规划师或其他任何人 [15]310。"因此，这两个学科的结构主义思想虽有颇多相似之处，但在发展脉络和具体内容上却有着各自的独立性。可以说，这一名号的共用，是诸多相似性之下产生的一次巧妙的"邂逅"。这次邂逅的根本原因，在于两个学科对于建筑与社会、文化之间的关系的共同关注，不论是将建筑视为文化的承载者还是社会关系的发生器，它们都保持着一样的观点：建筑一直以来，也将一直是社会性的。

参考文献

[1] IRÉNÉ SCALBERT. A Right to Difference：The Architecture of Jean Renaudie [M]. Paris，London：Architectural Association Publications，2004：16.

[2] 弗朗索瓦·多斯. 结构主义史 [M]. 季广茂，译. 北京：金城出版社，2012：4.

[3] 埃米尔·迪尔凯姆. 社会学方法的规则 [M]. 胡伟，译. 北京：华夏出版社，1999.

[4] Webster's New World Dictionary [M]. New York：The World Publishing Company，1970：1413.

[5] 夏建中. 文化人类学理论学派——文化研究的历史 [M]. 北京：中国人民大学出版社，1997：255-256.

[6] FERDINAND DE SAUSSURE. Course in General Linguistics [M]. New York：McGraw-Hill Book

建筑与文化人类学

Company，1966.

[7]   ROMAN JAKOBSON，C GUNNAR M FANT，MORRIS HALLE. Preliminaries to Speech
      Analysis：The Distinctive Features and Their Correlates [M]. Cambridge：The MIT Press，1963.

[8]   列维 - 斯特劳斯 . 结构人类学 [M]. 张祖建，译 . 北京：中国人民大学出版社，2006.

[9]   PIERRE BOURDIEU. Algeria 1960：Essays by Pierre Bourdieu [M]. Cambridge：Cambridge
      University Press，1979：133-153.

[10] 海伦娜·韦伯斯特 . 建筑师解读布迪厄 [M]. 林溪，林源，译 . 北京：中国建筑工业出版社，
      2017：24，31.

[11] HENRY GLASSIE. Folk Housing in Middle Virginia：A Structural analysis of Historic Artifacts [M].
      Knoxville：University of Tennessee Press，1975.

[12] ROBERT MCCARTER. Herman Hertzberger[M]. Rotterdam：nai010 publishers，2015.

[13] HERMAN HERTZBERGER. Architecture and Structuralism：The Ordering of Space[M].
      Rotterdam：nai010 publishers，2015：7-55.

[14] MAAIKE BEHM，MAARTEN KLOOS. Herman Hertzberger's Amsterdam [M]. Amsterdam：
      Architectura & Natura Press，2007：62.

[15] 肯尼斯·弗兰姆普敦 . 现代建筑：一部批评的历史 [M]. 张钦楠，等译 . 北京：生活·读书·新
      知三联书店，2015：308-310，335-338.

[16] VINCENT LIGHTELIJIN. Aldo van Eyck：Works [M]. Basel：Birkhäuser Publishers，1999:15-
      19，22-25.

[17] 查尔斯·詹克斯，卡尔·克罗普夫 . 当代建筑的理论和宣言 [M]. 周玉鹏，等译 . 北京：中国
      建筑工业出版社，2005：16-18.

[18] JEAN-FRANCOIS LEJEUNE，MICHELANGELO SABATINO. Modern Architecture and the
      Mediterranean：Vernacular Dialogues and Contested Identities [M]. Routledge，2010：258-261.

[19] 赫曼·赫兹伯格 . 建筑学教程 1：设计原理 [M.] 仲德崑，译 . 天津：天津大学出版社，2003.

[20] 赫曼·赫兹伯格 . 建筑学教程 2：空间与建筑师 [M.] 刘大馨，古红缨，译 . 天津：天津大学出
      版社，2003.

[21] ARNOLF LÜCHINGER. Structuralism in Architecture and Urban planning [M]. Stuttgart：Karl
      Kramer Verlag，1981.

[22] LISBETH SÖDERQVIST. Structuralism in Architecture：A Definition [J]. Journal of Aesthetics &
      Culture，2011，3（1）：1-6.

06

身临其境：
空间与身体①的对话

---

① 建筑学中习惯使用"人体"一词来讨论个体尺度的问题，而人类学习惯于使用涉身/具身、离身等术语，因此本书中使用"身体"一词来进行论述。

6.1　引言：空间与身体的早期研究

　　关于空间与身体的话题，在建筑学的理论发展中有着十分悠久的传统，它
可以追溯到古罗马时期的建筑师维特鲁威和他所写的现存最古老的建筑专著《建
筑十书》[1]。在书中，维特鲁威用人体的比例来解释三种古希腊柱式，把多利克
柱式与男性身体的比例、力量和体态联系在一起，把爱奥尼柱式与女性修长窈
窕的体态联系在一起，把科林斯柱式与更为苗条纤细的少女的身材联系在一起
（图 6-1）。此外，他在论述建造神庙要严格地按照均衡、比例的原则时指出，最好
的比例应当和理想的人体相似，并且详细说明了理想人体各部分之间的比例关系，
说不仅可以在人体中画出圆形，还可以在人体中画出方形。但是，维特鲁威只留
下了文字的描述，没有留下与之对应的图像，于是，人体与正圆形和正方形的关
系，即"维特鲁威人"，就成为了后世的一道经典问题。文艺复兴时期，诸多建筑
师、艺术家都尝试解答过这道问题，不过许多答案并不理想（图 6-2）。譬如，弗
拉·乔瓦尼·乔孔多（Fra Giovanni Giocondo）、弗朗切斯科·迪·乔吉奥·马蒂
尼（Francesco di Giorgio Martini）、弗朗切斯科·乔吉（Francesco Giorgi）等人的
图解都只是分别画出了人体与正方形或者人体与正圆形之间的关系，并未真正把
三者两两联系在一起（正方形与圆形只是两者之间相接），只不过后两位给出的人
物姿态与神情看起来更惬意一些而已；凯撒·切萨里亚诺（Cesare Cesariano）的
图解非常机智地借用了格网辅助，终于把人体与正方形、正圆形组织到了一起，
但是画中人体四肢手脚的夸张比例，仍然让这个图解显得美中不足。

　　最后，直到天才人物莱昂纳多·达·芬奇（Leonardo da Vinci）出现，才完
美地解决了这一难题。他的图解思路在一定程度上受到了其好友加科莫·安德里
亚（Giacomo Andrea）的启发，通过对几个图形的中心关系的巧妙处理解决了前
人解答中的矛盾（图 6-3）。在西方古典理论里，肚脐眼是人体的中心，被认为是
灵魂栖息的地方，因此在前人的图解中，也往往把肚脐作为图像的中心；然而在
图解维特鲁威人的过程中，一旦把方形和圆形的两个中心都与人体的肚脐眼重叠，
三者关系的处理就会变得非常困难。而达·芬奇调整了这一惯性思路，没有把圆
形和正方形的中心交叠在一起，而是让两者错开，并且与不同的人体姿势相对应。
圆形对应展开的人体，其中心位于人体的肚脐眼，方形对应站立的人体，中心位

应人体的生殖器，从而给出了维特鲁威人的完美图解。这幅图像被认为说明了人体对建筑比例的中心意义，流传甚广。虽然它也曾因其男性中心主义而遭到指责，不过也有人辩护它，认为文艺复兴时期的人体本质上具有中性化的性别属性，这种身体形式的表达是单一性别的，并不特指男性或女性；直到 18 世纪，二元化的性别意识才取代了这种单一的倾向 [2]。

除了维特鲁威的经典论述之外，空间与身体的话题也在其他情形下出现。例如前文曾提到，在讨论建筑的起源的时候，15 世纪的建筑家菲拉雷特曾经提出过这样一个设想，他认为亚当被赶出伊甸园之后，用双臂交叉在头顶遮雨，继而受到启发，依照自己身体的尺寸和双臂的形态建造了第一座原始棚屋 [3]。甚至在日常生活中，也常常可以看到孩童们在绘制房屋时，把建筑的立面画成人脸的样子。加斯顿·巴什拉（Gaston Bachelard）认为，这些房子是"心灵、灵魂和人在意识中的直接产物 ①" [4]。

图 6-1 古典柱式与人体

---

① …emerges into the consciousness as a direct product of the heart, soul and being of man.

建
筑
与
文
化
人
类
学

Fran Giovanni Giocondo，1511

Fra Giovanni Giocondo，1511

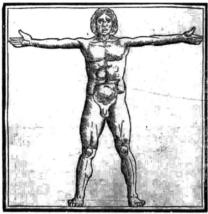

Francesco di Giorgio Martini，1470

Francesco Ciorgi，1525

Cesare Cesariano，1521

Cesare Cesariano，1521

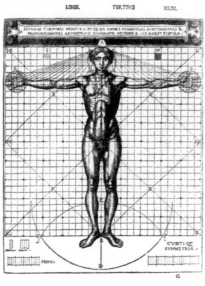

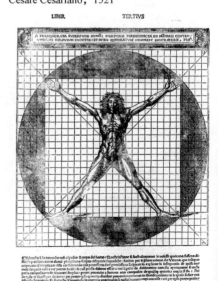

图 6-2　文艺复兴时期的一系列维特鲁威人图解

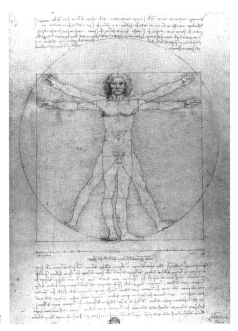

图 6-3　莱昂纳多·达·芬奇的维特鲁威人图解

6.2　空间的离身化倾向

　　维特鲁威人的图解，可以说倾注了文艺复兴时期众多精英的才智。然而在文艺复兴时期之后，空间与身体的话题却在很长一段时间内越来越少被提及。这种离身化，即身体在空间讨论中的退场，与理性思维的不断发展不无关系，并且受到了线性透视法和暗箱这两项与空间相关的技术的有力推动。

6.2.1　线性透视法

　　文艺复兴时期，人们从中世纪非常虔诚的宗教化生活转向更加人性化、世俗化的生活，理性的思想开始成为一种追求。在这种"求真"的欲望驱使之下，文艺复兴的艺术家、建筑师们发明了透视法，并且把它作为一个至高无上的准则。就像达·芬奇所说，写实绘画"以透视学为基础"，"透视学是绘画的缰辔和舵轮"[5]。

线性透视法较早的系统性探索者，是意大利建筑师菲利波·伯鲁乃列斯基（Filippo Brunelleschi）[①]。15世纪初，伯鲁乃列斯基在考察古罗马建筑遗址的时候，发现了线性透视的灭点原理，即同一个平面中的平行线都会会集于一点。之后，他继续探索透视法，并完成了两个透视法试验，其中尤为著名的是佛罗伦萨圣洗礼堂（Florence Baptistery）的投射装置试验（图6-4）。伯鲁乃列斯基在今人看来最为显赫的成就是佛罗伦萨大教堂的穹顶，但在那之前，对线性透视法的研究也已经令他名声大噪了。这个试验中所用的以透视法所绘制的画作虽然已经失传，但是建筑师安东尼奥·马内蒂（AntonioManetti）留下了关于这一试验的详细记录。据他记载，伯鲁乃列斯基根据自己的透视理论绘制了一幅圣洗礼堂及其周边景物的画，在灭点的位置上开了一个小孔。接下来，观察者站到圣洗礼堂对面的教堂门廊里，一手举着画作贴在面前，另一只手举一面镜子对着画作；从画作背面透过小孔观察，就可以看到实际的圣洗礼堂与镜子中反射出的画作中的圣洗礼堂几乎重合。尤其是图板上没有绘制天空部分，而是以银片代替，可以反射动态的云朵、光线等，更加使得所看到的景象虚实难辨[6]。伯鲁乃列斯基的画作虽然没有流传下来，但他的好友、画家马萨乔（Massacio）的透视画今天仍然得以保存。他在15世纪20年代为佛罗伦萨卡尔米内圣母大殿（Santa Maria del Carmine）所作的壁画《献金》（Tribute Money），以及为新圣母玛利亚教堂（Santa Maria Novella）所作的壁画《圣三位一体》（Holy Trinity），其为线性透视法提供了绝佳的早期实例（图6-5、图6-6）。

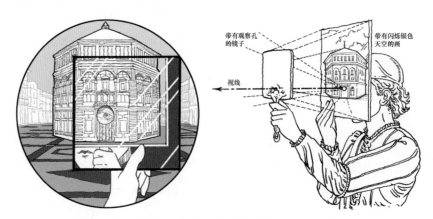

图6-4 佛罗伦萨圣洗礼堂投射试验

① 维特鲁威在《建筑十书》中也提到过透视，但应当与文艺复兴时期的线性透视不同。一种说法认为维特鲁威说的是剖透视，用来表现建筑的室内空间；另一种说法认为维特鲁威说的是建筑外部的一点透视，比较适宜用于舞台布景，在二维的背景上绘制出具有视觉深度的建筑、街道、城市、景观等，加强舞台的氛围。

图 6-5　壁画《献金》　　　　　　　　　　　图 6-6　壁画《圣三位一体》

　　在伯鲁乃列斯基之后，建筑师莱昂·巴蒂斯塔·阿尔伯蒂（Leon Battista Alberti）又使线性透视法得到了长足的发展[7]。1435 年，他撰写了第一本描述透视画法的书《论绘画》（On Painting），书中的第一章就叫《论透视的机制》，详细地论述了线性透视的法则。他指出，如果把人眼看作一个点，把视线看作对象和人眼之间的连线，那么人眼和物体各点的所有连线就形成了视觉金字塔。假设把一道垂直的屏幕放在人眼和被观察的物体之间，在视线金字塔中做出一个切面，视线穿过屏幕所留下的影像就是物体在画纸上的透视形象了。画家想要真实地表达对象，只需要在屏幕上把所见的物体描绘出来即可。进一步地，可以在垂直屏幕和水平桌面的图纸上都打上一样的方格，把屏幕上的所见誊到图纸上对应的位置，作画就更加容易了。在此基础上，他又在第二卷中说明了画家要如何选择视点、选择画面的距离，通过调整人、画面、物体三者的关系来生成最恰当的透视，最恰当地表达对象。1811 年，布鲁克·泰勒（BrookTaylor）在其著作《直线透视的新原则》一书中绘制了关于视线金字塔的插图，直观地说明了阿尔伯蒂所描述的透视机制（图 6-7）。

图 6-7　视线金字塔

文艺复兴时期所讨论的透视空间，核心是探索在二维平面上表达出与实际场景中视觉感受一致的图像，可以说是一种视觉至上的空间，排斥了完整的身体感官。就像尔文·潘诺夫斯基（Erwin Panofsky）说的那样："在某种程度上来说，透视将生理和心理空间转化成了一种数学空间，它否认前后左右的区别，否认身体和交互空间的区别，将中世纪空间认识中的那种个体空间及空间内包含的内容纳入了一个单纯的连续体。它认为我们是静止的单眼动物，而不考虑生理和心理上我们是怎么建立起视觉印象的，它用一种机械论的角度去解释视网膜成像，把我们的眼睛当作是一种机械装置[8]。"

6.2.2 笛卡儿空间与暗箱模型

艺术家们对透视法的探索，不仅仅是在追求视觉的真实，而且是在追求理性的真实、科学的真实。由这种理性的追求所导致的空间的离身化倾向，在17世纪的笛卡儿主义和暗箱技术的推动下，被进一步加强了。

在欧洲的启蒙运动中，"理性"可以说是最重要的关键词，而笛卡儿主义则是普世理性主体理念中的核心。笛卡儿主义有两个比较主要观点：其一是确立了主体的独立地位，以及主客体二分法，即认为主体与客体是相对存在的；其二是给出了主体同一性的假设，即认为所有的主体都具有相同的心智框架，因此主体之间是可以彼此"抵达"的。笛卡儿主义认为，精神和物质是两种绝对不同的实体，二者彼此完全独立，不能由一个决定或派生另一个。这种身心二分观最早可以追溯柏拉图，他将灵魂与肉体对立起来，认为灵魂是不朽的，而肉体则是短暂的，只是灵魂的暂时栖居地。而笛卡儿则把这种身心二分发挥到了极致，他提出的"身心二元论"，直到今天还深入人心，就像电影《罗马假日》所说的，"身体和灵魂，总有一个在路上①"。

这些观点理念虽然在后世有过不少反思和批判，但是在当时却是一个十分有力的思维范式，这种思维范式通过相机暗箱的比喻，进一步强化了离身性的概念②。暗箱成像的机理，为人们提供了一种思维范式，在离身性已经悄然降临的时

---

① You can either travel or read, but either your body or soul must be on the way.

② 实际上，暗箱不仅仅是隐喻，而是作为一项实实在在的技术影响了人们的视觉方式。在暗箱技术的基础上，人们在19世纪学会了用化学方法把暗箱的投影记录在纸上，发明了照相机。相机的出现，对绘画产生了根本性的影响。在相机发明之前，绘画担负着在平面上再现人物或景观的功能，但相机出现以后，论写实与逼真，绘画就无法与之比拟了。19世纪70年代后，绘画中逐渐出现了物体形态崩溃消失的趋势，比如19世纪70年代的印象派，强调光和色彩，对物象的描绘就相对模糊了，发展到立体主义时，艺术家们甚至有意识地解构物体、消解空间了。

代更加具体和形象地认知普世的理性主体、客观知识以及两者彼此关联的过程。暗箱通过一个小孔，让外界图像能够以反转的形式投射到室内墙壁上，这一运作机理构成了人类思想和知觉运作的空间类比。人们的思维也可以看作是一个空房间，外界的图形通过眼睛传送进来，被主体所感知。就像乔纳森·克拉里（Jonathan Crary）说的那样，在笛卡儿范式下，可以按照字面意思演示这个比喻，比照建成空间和感知的模式来展示思维的工作方式（图6-8）：设想一个房间被封闭起来，只留下一个小孔，把一个玻璃镜头放在小孔前，后面隔一段距离铺开一块白色的单子，外界物体上的光就在单子上呈现出形象。现在如果说房间代表眼睛，小孔则是瞳孔，晶状体则是透镜。从一个刚死亡的人身上取出眼睛，切除眼睛后部的三种包裹性物质，把晶体暴露出来而不散溢。除了这颗眼球外，没有其他光能照进房间，各个已知部分都是彻底透明的。做了这些之后，这时候再看一下白色单子，或许就可以带着愉悦和好奇看见一幅以自然视角呈现的外界事物的图像[9]。于是，人的思维模式就和一种空间形态联系在了一起，但更为重要的是，在这个关于人类思想的全新类比里，身体被彻底清除出去了。就像是透视图中的观察者，他们的身体在图像中不见踪影，占据核心位置的只是一个抽象的"视点"。

可见，随着现代性的确立、祛魅过程的展开，理性成为人们的普遍法则，身体在思维模式中的地位变得不再那么重要了。有了笛卡儿坐标系，世间万物都可以用统一的尺度衡量，空间上所有的点都可以被同等看待、用一串数字以同样的

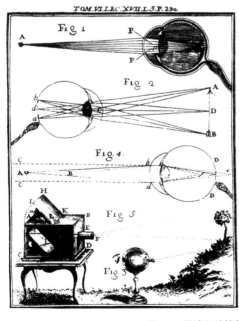

图6-8　眼睛与暗箱的思想实验

方式表达；甚至，身体也成为其中的一个客体对象，而非感知空间的起点和中心。在一个以科学至上的现代世界里，一切事物都被认为可以通过由理性思考获得的客观规律、知识体系得到解释，而身体的感觉通常被认为是低于理性思辨的，并且最终也可以用客观规律来解释；于是，感性生长而成的建成空间自然也就不如理性意志下经过规划设计所形成的空间了 [10]。

今天，建筑师作为专门的社会职业，其工作内容是从设计条件到设计结果之间进行"解题"。在这个过程中，建筑师与他人进行交流最主要的媒介便是图纸和模型，建筑师"用图说话"已经成为行业毋庸置疑的法则。藉由这些媒介开展设计的工作方法，实际上就包含着显著的离身性倾向。尽管人们仍然有着举起模型以人视点观察的冲动，但是除了个别的足尺节点模型之外，建筑模型通常都是在一定比例下对所设计的建筑进行表达的，或置于桌面、或挂在墙面，与观察者的身体比例并不匹配；大部分情况下，建筑师是以鸟瞰视角对其进行观察与思考的。当然，这种趋向使得规划、建筑设计变得专门化，对于规划师和建筑师建立一套专业知识与专业技能的体系（或者也可以说是行业壁垒），进而巩固精英化的职业地位并无坏处，但必须承认的是，当人们越来越习惯用这种方式工作，并且以此为专业技能的时候，身体这个维度已经从空间认知中被悄然抽离了。

6.3 空间的涉身化回归

建筑与空间的涉身性，到 20 世纪后半叶才再次引起广泛的关注，现象学的一系列理论就是其中的代表性思潮。如同维克托·布克利（Victor Buchli）所说，现象学核心要针对的问题之一就是欧洲现代性所导致的身心分离，现象学学者们试图通过重申身体在世界中的位置，去解决 20 世纪资本主义产生的异化以及现代性导致的分裂 [11]。

6.3.1　海德格尔与四重整体

在现象学关于身体的讨论中，马丁·海德格尔（Martin Heidegger）是一个关键的理论作者[12]，他讨论过空间的问题，也讨论过身体的问题，尤其是在 20 世纪 50 年代接连发表了 3 篇文章《物①》（The Thing）、《筑·居·思②》（Building Dwelling Thinking）以及《……人，诗意地栖居……③》（…Poetically Man Dwells…），得到了建筑师们的广泛关注与频繁讨论，从荷尔德林诗歌中而来的"诗意的栖居"，已经成为诸多建成环境设计的理想目标。

在《物》一文中，海德格尔从国际交通与大众传媒的快速发展而带来的"二战"后世界距离的缩短这一负面效应出发，从"亲密性"这一概念的讨论而引出了"物"（Thing）这一概念。"物"不同于和日常生活体验脱节的"物体"（Object），它是可以感知的，要通过对其用途的体验和对这种体验的内在认知去理解。"物"通过使用来获得特性，把人与周围的世界联系起来。人们周遭的世界并不是由抽象的"物体"组成，而首先是被每一个个体感知和思考的。在阐述过程中，他尤其重点讨论了"器皿"，其中的思想与海德格尔阅读和翻译过的老子对于"器"的论述颇有相通之处——"埏埴以为器，当其无，有器之用"。他认为，器皿尽管是可识别的物质实体，但它是中空的，因而有了"物"的作用。空置的器皿具有倾倒的能力，给予"赠礼"，这种中空的虚无可以看作是具有神秘源头的天然泉水，维系着大地和天空的密切结合。在对"器皿"之讨论的基础上，海德格尔进一步发展出了"四重"的概念，即天、地、神、人彼此联系，共同组成了一个整体④：

如果倾倒出的赠礼是饮品，凡人则保持着他们自己的方式。如果倾倒出的赠礼是祭酒，神灵也会保持着自身的方式……在倾倒出的赠礼中，凡人与神灵以不同的方式各自栖居。大地与天空栖居于倾倒出的赠礼中。于是在倾倒出大地与天空的赠礼中，凡人与神灵以不同的方式而各自栖居……基于他们原本的模样这一层面上，这四者属于彼此。综上所述，他们可以被整合成一种单一的"四重"[12]173。

正因为天、地、神、人的四重整体存在于人们周围，提供了参考点，个体才

---

① 最早于 1950 年在慕尼黑巴伐利亚美术学院的讲座上发表，1951 年收录在学院年鉴上，1954 年再版于《演讲与论文集》杂志。

② 首先在 1951 年的"人与空间"的会议上发表，并以会议论文集的方式集中出版，1954 年再版于《演讲与论文集》杂志。

③ 最初在 1951 年的《周三晚间系列报告》中发表，1954 年在《方言集：诗歌》期刊上出版，同年也收录于《演讲与论文集》杂志。

④ 以下翻译参照了文献 [13] 第 35 页。

能够感知和领会他们在世界中所处的位置，适应周围的环境。在这种感知与适应的过程中，"栖居"的意义才得以实现。

"栖居"作为海德格尔思想的一个关键词，与他对"建筑"一词的反思联系在一起。因为西方的思想传统中有过诸多以形式美学、艺术鉴赏为优先考虑的对于"建筑"（Architecture）与"房屋"（Building）的辨析，使得建筑这个词惯性地带有高高在上的精英主义的色彩。因此，他更愿意去讨论"筑造"和"栖居"这两个概念，这两者在德语中共享同一个词根，也被作为一个整体来理解；或者可以近似地说，人们对于物质空间的改动和干预，与对其的体验和使用是水乳交融的。譬如一个家庭随着孩子的出生、成长而不断地更改家中的空间布置，也调整自己的生活方式，"筑造"和"栖居"是一起发生、彼此交融的，"栖居"依赖于"筑造"的实现，"筑造"则根据"栖居"的需求来进行，从而个体与其周围的世界形成了一种动态的联系。而当代西方社会中，房屋建造的复杂性和专业性使得专业人员某种程度上变成了特权阶级，实际上扭曲了这种联系，导致了"筑造"和"栖居"的分离。反之，好的"筑造"和"栖居"，可以把抽象的"空间"（Space）转变为有人味儿的"场所"（Place），就像是人们在公园中铺开毯子野餐，或者只是聚集在一起聊天玩乐，这一处空间就变成了场所（图6-9），即使在野餐结束之后，人们关注这处角落的方式也会从此不同了。这一理论，质疑了基于数学度量的笛卡儿式的空间，而提倡基于人类体验的现象学式的场所，被认为对彼得·卒姆托（Peter Zumthor）、阿尔多·凡艾克、汉斯·夏隆（Hans Scharoun）等诸多建筑师产生了深远的影响[13]。

6.3.2 梅洛-庞蒂与知觉世界

相较于海德格尔的晦涩，另一位现象学哲学家莫里斯·梅洛·庞蒂（Maurice Merleau Ponty）对于身体和空间的议题进行了更加明晰的讨论，并集中体现在其著

图6-9 公园草坪上的活动

作《知觉现象学》里 [16]。

理解梅洛·庞蒂对于身体 - 空间的论述，有必要先提及乔治·贝克莱（George Berkeley）的一个观点：人无法通过视觉感知距离。在当时，关于知觉的讨论认为感官刺激不能直接形成知觉观念，而是要结合经验的参与才能形成。进而，贝克莱提出，视觉是不能感知空间深度的。因为人的视网膜只能将远端的物体成像为二维平面上的点，而距离是物体到眼睛之间的一条假想直线，这条直线是无法投影到眼底的。实际上，人们是借触觉等感官来知觉距离的，但是因为在这个过程中也积累了视觉上的经验，因此才总觉得自己是看到了距离。比如说当物体与眼睛的距离发生变化时，为了适应这种变化，眼睛会向中间靠拢或者向两侧分开，与物体的距离变化有规律地成正比；物体离眼睛越近，物象的纷乱程度就越大，反之则越小；当物体离眼睛太近的时候，眼睛会紧张起来而减小纷乱，等等 [14]。

贝克莱的这个结论显然是不正确的，现代心理学的研究已经表明，人类的婴儿在出生以后立刻就能够辨认视觉深度。对于一个正在靠近的物体，婴儿会从它前面闪开，这就是对视觉逼近的反应。在戴上偏光镜后，婴儿还能够表现出立体视觉，可以辨认由两个映像所形成的一个触摸不到的物体 [15]。那么，贝克莱的理论问题出在何处呢？梅洛·庞蒂给出了解答。

贝克莱之所以得出这样的结论，是因为他认为客观世界是三维的、大小确定的，这一点与视觉器官的构造相矛盾，因为眼底不能成像物体的深度，于是贝克莱就只能主张视知觉本身是有问题的，进而认为感官知觉的内容和客观存在是无关的。而梅洛·庞蒂认为，正确的解答不应该是否定视觉，而应该是否定"客观世界"，或者说，否定关于外部世界的"客观思维"。在梅洛·庞蒂看来，问题不是出在客观世界与个人的视觉内容不相符，而是出在只能位于某点上的观察者视觉与充当旁观者的、无所不在的上帝视野不相符。贝克莱认为人无法看到深度，是因为他假定了一个旁观者，把他从侧面看到的宽度作为深度，这样相当于一开始就确定了深度，取消了观察者的个人视觉的角度。但梅洛 - 庞蒂认为，深度不同于和观察者无关的宽度，深度是非常独特的，它取决于身体和物体之间的相对运动关系：

深度不标在物体本身上，它显然属于视觉角度，而不属于物体；因此，深度不可能来自物体，也不可能被意识规定在物体中；深度显示物体和我之间和我得以处在物体前面的某种不可分离的关系 [16]325。

通过把身体引入深度知觉的机制中，梅洛·庞蒂批判了"客观世界"，质疑了完全被客观化的空间和身体。他提出，身体既是客体也是主体，也就是说，身体具有"两义性"。例如说，当人的两只手相互按压时，可以把任何一只当作被触摸的手，也可以随即就把它当作主动触摸的手，两只手能在"触摸"和"被触摸"之间转换，触摸与被触摸是模糊不清的、内在和外在彼此交融的状态。这样的身体，不是一个消极的存在于世界中的物体，而是具有能动性的："我的身体在我看来不但不只是空间的一部分，而且如果我没有身体的话，在我看来也就没有空间"[16]142。基于这种新的身体观，梅洛·庞蒂进一步论述了他的空间观，提出了三种空间方式：

第一种空间是身体空间。在这种空间里，身体以自然的方式存在，不存在对空间的抽象或客观化。这种状态，只能在精神性盲人①等极端的案例中看到。

第二种空间是客观空间。它指的是被理性所客观化、对象化的空间，而意识则作为主体，处于客观世界的对立面。

第三种空间，也是梅洛·庞蒂所主张的，就是具有"两义性"的空间。这种空间是上述两种空间的交叉，是正常人的生动的知觉世界。在这种空间中，身体与环境的关系，既不是身体规定环境，也不是环境规定身体，两者是相互融合从而呈现自身的。前述梅洛·庞蒂关于正常人和喜剧演员"能把他们的身体与其生活情境分离，能使身体在想象的情境中呼吸、说话，甚至哭泣"的例子，就很好地说明了这个真实的空间的特征。这第三种空间，梅洛·庞蒂称之为"知觉世界"。

6.4 空间与身体的若干议题

6.4.1 惯习与实践

本书在第05章中提到的布迪厄，是人类学、社会学领域对涉身性讨论较为丰

---

① 精神性盲人是不能进行空间抽象的病人。比如，如果要求病人在闭着眼睛的情况下指出自己鼻子的位置，他必须要先用手触摸到鼻子，才能指出鼻子。如果只允许他用一把木尺触摸鼻子，他就无法指出鼻子的位置了。也就是说，病人无法把具体的身体运动转换为客观化的身体位置。正常人是不存在这种精神性障碍的，所以一般也注意不到这种身体空间的存在。

富的一位学者。他在青年时期曾经是结构主义的追随者，但也在研究中发展出了对结构主义决定论观点的反思。在那之后，他提出了"惯习"的概念，与"场域"（Field）、"资本"（Capital）等概念一起构成了他的实践社会学研究的核心内容。场域指的是构成社会世界的相对自主的小世界，布迪厄对它的定义是"由不同的位置之间的客观关系构成的一个网络，或一个构造[17]。"资本的概念来自马克思的政治经济学，指行动者（Agent）的社会实践工具，包括经济资本、文化资本、社会资本、符号资本等。惯习则是指深刻地存在于行动者的性情倾向（Disposition）之中的，作为一种技艺存在的，具有创造性的生成性能力。这三者的关系，布迪厄用一个公式简洁清晰地表达了出来：[（惯习）（资本）] + 场域 = 实践[18]。也就是说，惯习推动了拥有一定资本的行动者，在场域中采取了这样或那样的策略进行实践。

惯习不同于日常语境中的习惯，后者往往是重复性的、机械性的，而惯习是具有创造性和生产性的。布迪厄指出，惯习"是客观条件的一个产物，它一方面倾向于复制客观条件的客观逻辑，但另一方面又使它遭受新创造"，是一种"改造性的机器"[19]。惯习并不是单纯地复制经验，而是一种改变、重建社会条件的主动因素；它既指导人们的行为，又在行为中表现出来，既涉及内在因素的外化，又涉及外在因素的内化。在布迪厄之前关于个体实践的讨论中，结构主义的观点认为个体的行为是由深层次的精神结构所决定的，现象学的观点则认为现实世界是人类的个体体验，而布迪厄的惯习理论，在一定程度上调和了结构主义与现象学的思想，调和了客观主义和主观主义的对立。

布迪厄关于空间和身体的讨论，就蕴含在以上的理论体系之中；不过在很多时候，布迪厄论述中的空间不仅仅是指物质空间，而是指更广泛的社会空间。譬如，布迪厄把身体化的文化资本列为后者的三种形式之一，即行动者心智和肉体上的秉性和才能，比如动作姿态、言辞口气、审美趣味、教养等，是文化资本中最基础和最重要的。又如，惯习作为一种性情倾向，布迪厄指出它首先表达的是一种习惯状态，"尤其是身体的习惯状态"；惯习作为一种社会化了的主观性，主要是寄居和体现在身体上的，行动者通过社会化了的身体来发挥惯习的创造性和生成力。而在这个社会化的过程中，房屋就是生产惯习的程序算法之一，是将"生成性的框架客体化的主要核心"，房子作为中介，在人、物和实践中建立了分化和等级，这套有形的分类系统不断地灌输并强化了文化里的强制性分类规则。房屋就像是一本书，记载着社会和世界的结构，当人进入一个有秩序的建成环境时，身体会阅读其内在秩序，通过习惯与居住行为来形成自身对文化基本框架的实践

知识 [20]。这种情况下，物质空间就作为一种思想的客体，提供了个体社会化的基本动力 [21]。

6.4.2　空间关系学

相较于哲学家与社会学家们抽象的理论探讨，认知人类学家爱德华·霍尔（Edward Hall）就空间与身体的话题进行了更为直接和具体的研究。1963 年，他提出了"空间关系学"（Proxemics）这个术语，并在 1966 年出版了专著《隐匿的维度》（The Hidden Dimension），开启了这一研究领域。在书中，霍尔将空间关系学定义为"人类利用空间作为文化的专门阐述的相互关联的观察和理论 ①"，其研究的重点在于空间关系行为（空间的使用）对人际交往产生的影响。他认为，对于空间关系学的研究不仅有助于评估人们在日常生活中与他人互动的方式，还包括"在他们的房屋和建筑物中组织空间，最终评估他们城镇的布局"[22]。

霍尔认为，人类和许多动物一样，都具有领域性。人们会把身体周围一定范围内的空间"气泡"认知为个体的领域，以此来定义自我、区分自我与他者，在个体之间保持某种距离。通过这个"身体气泡"，身体与空间形成互动，这就是空间关系（Proxemics）的一系列研究的理论基础。对于人类而言，个体之间的人际距离的远近与人际交往类型相关。他以部分美国人作为样本，测量了四种人际距离，为自己的观点提供了支撑：亲密距离（Intimate Distance），近者如爱抚、耳语时可以无距离，远者在 6~18 英寸；个人距离（Personal Distance），近者在 1.5~2.5 英尺，远者 2.5~4 英尺；社交距离（Social Distance），近者在 4~7 英尺，远者在 7~12 英尺；公共距离（Public Distance），近者在 12~25 英尺，远者在 25 英尺以上（图 6-10）。这种距离受到多种因素的影响，如声音、气味、体温等物理因素，也和不同文化的交往习惯相关。例如，阿格涅斯加·索罗科夫斯加（Agnieszka Sorokowska）等人的研究发现，在罗马尼亚、匈牙利和沙特阿拉伯，陌生人的个人空间偏好超过 120 厘米，而在阿根廷、秘鲁、乌克兰和保加利亚，这一个人空间偏好不到 90 厘米 [23]。

与这些距离相对应，亲密距离和个人距离之内的空间被称为个人空间，社交距离之内和个人距离之外的空间被称为社交空间，公共距离之内的空间被称为公共空间，与不同的行为活动相适应。例如，个人空间是人们在心理上认为属于自

---

① the interrelated observations and theories of humans use of space as a specialized elaboration of culture.

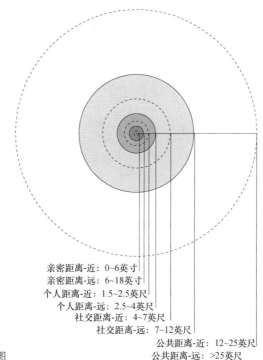

亲密距离-近：0~6英寸
亲密距离-远：6~18英寸
个人距离-近：1.5~2.5英尺
个人距离-远：2.5~4英尺
社交距离-近：4~7英尺
社交距离-远：7~12英尺
公共距离-近：12~25英尺
公共距离-远：>25英尺

图 6-10　爱德华·霍尔的人际距离示意图

己的区域，允许一个人进入个人空间就是一种亲密的关系感知的指标。在个人空间受到侵犯时，人们就会感到不适，愤怒或焦虑，通过不同的方式来进行缓解。比如，当他人过于靠近自己时，人们会退后一步，来恢复自己的个人空间；当处在拥挤的情况下（如地铁、公交车等）而无法通过身体移动改变距离时，人们可能会采用避免目光接触、或者背过身去等其他行为来缓解不适（图 6-11），或者试图在头脑中把其他个体非人化，比如把他们都想象成无生命的物体等。

此外，人际距离不仅在水平方向上存在，也在垂直上存在，并常常会促成或加强支配与被支配的关系。例如，位置较高的人往往表现出更高的地位，例如布

图 6-11　人们在拥挤的地铁中避免目光接触

图 6-12　竞选者利用高差形成空间关系

道的牧师、授课的教师、传播理念的演讲者等（图 6-12），而降低高度差的交流则有利于缓解这种地位的差异，让相互之间的关系更加接近。

不过，不论人际距离远近如何，空间领域感都是普遍存在的，而且是人类的生理本能 [24]。当人们相互靠近的时候，大脑中的杏仁核会被激活；当个人空间出现违规行为时，它会有强烈的反应；而在杏仁核受到破坏的人群中，就不存在这种反应，杏仁核完全受损的患者是缺乏个人空间边界感的。可见，空间会对个体的身体感受与行为产生不可避免的影响 ①。

6.4.3　空间的拟人化

物质空间会对身体的感受与行为产生影响；反过来，人们对身体的观念认知也影响着对于物质空间的解读。本文开篇所提到的以人体的比例形态对柱式进行解读就是一个例子，对于这个观点的阐述在维特鲁威之后还有诸多的追随者，例如尝试过对维特鲁威人进行图解的弗朗切斯科·迪·乔吉奥·马蒂尼，曾经把人体置于拉丁十字式的平面之中，以此来描述他理想中的教堂（图 6-13）。而且，关于这一话题的讨论，并不仅限于追寻物质空间和身体在形式比例上的相似之处，在一些时候，物质空间被作为具有自身逻辑的"身体"来进行解读，还有些时候，物质空间和身体共同构成了一个完整的观念，在认知中难分彼此。

———————————

① 一些学者认为，近人尺度的空间的这种主动性会尤为明显，它既不是超人尺度的纪念碑，也不是股掌之间的物件，它会更显著地迫使人们对其做出回应，就像人们是在与另一个人交往一样。美国极少主义雕塑的一些作品就是基于这样的设想，通过尺度的把握，使雕塑与人形成对话。

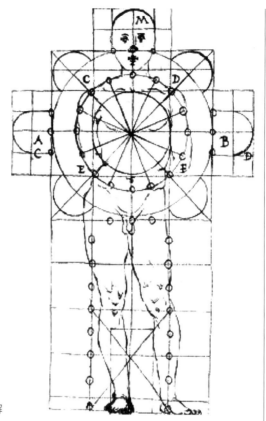

图 6-13　人体与理想教堂图解

　　譬如说，在非洲巴塔马力巴人^①（Batammaliba）的眼中，他们的房屋就代表
着一个复杂的身体 [25]。这个身体并不是维特鲁威人那样的标准图式，而是与太
阳神 Kuiye 对应，是一个多重性别的、在现代文明看来颇为怪异的身体。在传说
中，太阳神 Kuiye 以人形显现，但是兼具男性和女性两种性别。因此，坐东朝西
的房屋也被分为两半，南部为雄性，北部为雌性，家中的男性和女性分居两侧，
与性别分工相关的生活资料也分别储藏，把房屋划分开来（图 6-14）。构成房屋的
各种建筑元素，具有拟人化的含义，如鼻子、眼睛、嘴巴、关节、胃、生殖器等
（图 6-15）。作为身体，房子也需要保养和打扮。巴塔马力巴人会把房屋外面浸透
油脂来保障其美观，就像人们保护新生儿的皮肤那样；外墙上雕刻的装饰纹样，
和装饰女性身体的疤痕纹路十分相似；谷仓的帽子就像年轻女人的帽子（图 6-16）。
类似地，房子也像年轻的男人和女人一样，有成人礼的仪式；当它到寿终正寝时，
也像老人去世的时候那样，被打扮成青年时的模样，以它最荣耀美好的样子来接

---

① 又被称为 Tammari 人，他们的房屋也被称为 TataSomba。Batammaliba 这个词的意
　思是"大地上真正的建筑师"。

建
筑
与
文
化
人
类
学

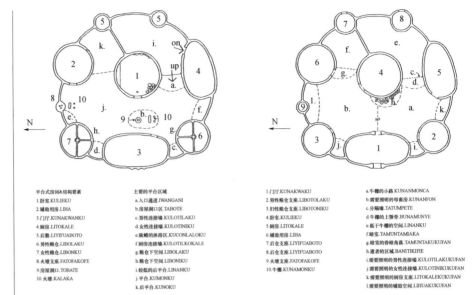

平台式房间&结构要素
1.卧室.KULIEKU
2.辅助用房.LIHA
3.门厅.KUNAKWANKU
4.厨房.LITOKALE
5.后勤.LIYIFUABOTO
6.男性粮仓.LIBOLAKU
7.女性粮仓.LIBONKU
8.火塘支库.FATOFAKOFE
9.房屋洞口.TOBATE
10.火塘.KALAKA

主要的平台区域
a.入口通道.IWANGANI
b.房屋洞口区.TABOTE
c.男性连接墙.KULOTILAKU
d.女性连接墙.KULOTINIKU
e.陡峭的沐浴区.KUCONLALOKU
f.厨房连接墙.KULOTILKOKALE
g.粮仓下空间.LIBOLAKU
h.粮仓下空间.LIBONIKU
i.较低的后平台.LINANKU
j.平台.KUMONKU
k.后平台.KUNOKU

1.门厅.KUNAKWAKU
2.男性粮仓支库.LIBOTOLAKU
3.妇性粮仓支库.LIBOTONIKU
4.卧室.KULIEKU
5.厨房.LITOKALE
6.辅助用房.LIHA
7.后仓支库.LIYIFUABOTO
8.后仓支库.LIYIFUABOTO
9.火塘支库.FATOFAKOFE
10.牛棚.KUNAMONKU

a.牛棚的小路.KUNANMONCA
b.需要照明的母畜房.KUNANFON
c.分隔墙.TATUMPETE
d.牛棚的上颚骨.BUNAMUNYE
e.低于牛棚的空间.LINANKU
f.暗室.TAMUNTAMIAKA
g.暗室的婚姻角落.TAMUNTAKUKUFAN
h.逝者的区域.BANITIKIFIE
i.需要照明的男性连接墙.KULOTILAKUKUFAN
j.需要照明的女性连接墙.KULOTINIKUKUFAN
k.需要照明的厨房支库.LITOKALEKUKUFAN
l.需要照明的辅助空间.LIHUAKUKUFAN

图 6-14 巴塔马力巴房屋中的性别空间

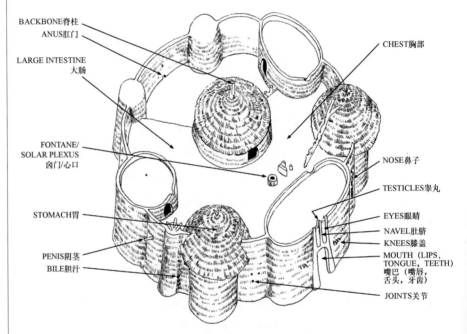

图 6-15 巴塔马力巴房屋象征的身体部位

受仪式[1]。在平日里，人们会像和朋友相处一样，与房屋分享食物，把它们撒在门口和露台；访客到来的时候，也会凝视房屋向"嘴里"打招呼。

而在非洲的很多游牧部落中，人们对于身体的认知和对于房屋的认知盘根错节地彼此交缠，是一个很难彼此剥离开的整体，而且很多时候，是女性来完成建造

———————
[1] 巴塔马力巴人在年老死亡的时候，会穿戴装扮成参加成人礼时的年轻模样。

图 6-16　巴塔马力巴房屋

活动，也是女性的身体交缠其中，这一点在拉贝尔·普路信（Labelle Prussin）的调查中有诸多记载 [26]。玛瑞亚人（Mahria）的帐篷与玛瑞亚女人的生命周期是紧紧缠绕在一起的，当女性逐渐衰老的时候，她的帐篷也会在尺寸上缩小，两者是对应的；对于伦迪尔人（Rendille）来说，当他们游牧辗转的时候，女人以及建造材料都是要在骆驼上搬运的，对他们而言，结婚等于建造；同样地，在图阿雷格人（Tuareg）中，帐篷不仅出现在结婚典礼中，"帐篷"和"结婚"就是同义词，制作帐篷的字面意义就是结婚，而一个男人进驻帐篷就意味着已婚。在普路信看来，对于这些游牧部落来说，住宅和游牧妇女的生育能力是重合的，"婚房的建造及妇女的工作在文化上都被认为是妇女再生产过程的一部分，而非技术性的过程" [26]58。这些游牧形式使得聚合离散以及移动迁徙深刻交叠，它在很大程度上是作为一种过程而存在，其本身不是目的，而是在大地景观中形成一种生活模式，同时在系谱上将女人连同她们婚姻里的建造运转起来，生产出世系的连续性。这些帐篷由女性反复地组装、拆解、运动、重建，家屋和女性紧密地捆绑在一起，成为再生产能力的核心所在。母亲的建筑材料和建造技术，也会传递给她们的女儿，从而形成再生产能力的跨时代承袭和重复。不过，普路信同时也提到，这些部落生活方式的定居化极大地影响了这种房屋和身体的整体性。随着建造频度的显著降低，建造技能开始萎缩，房屋的"持续言说"的能力也逐渐衰微。此外，随着环境的变迁，传统自然材料的获取日益困难，取而代之的是现代工业原料、预制件、专业生产的原料。建造仍然由女性们来进行，但她们更多的是求诸市场，扮演顾客的角色，而不再是构筑家屋、促进再生产的建筑构件的提供者。在这种情况下，建筑由外部环境而导致的变化，反过来对身体的认知及其再生产形成了消极的影响。但即便如此，我们仍然可以看到的是，物质空间与身体之间，在持续地相互影响、相互塑造。

参考文献

[1] 维特鲁威.建筑十书 [M].陈平，译.北京：北京大学出版社，2012：90，98-100.

[2] THOMAS LAQUEUR. Making Sex：Body and Gender from the Greeks to Freud [M]. Cambridge：Harvard University Press，1990.

[3] 菲拉雷特.菲拉雷特建筑学论集 [M].周玉鹏，贾珺，译.北京：中国建筑工业出版社，2014：31-42.

[4] GASTON BACHELARD. The Potics of Space[M]. New York：Orion Press，1964：xiv.

[5] 戴士和.画布上的创造 [M].成都：四川人民出版社，1986：70-71.

[6] 罗斯·金.圆顶的故事 [M].吴光亚，译.北京：清华大学出版社，2012：40-43.

[7] 冯炜.透视前后的空间体验与建构 [M].李开然，译.南京：东南大学出版社，2008：87.

[8] ERWIN PANOFSKY. Perspective as Symbolic Form [M]. Ney York：Zone Books，1991：31.

[9] JONATHAN CRARY. Techniques of Observer：On Vision and Modernity in the Nineteenth Century [M]. Cambridge：MIT Press，1992：40-47.

[10] 肯特·C.布鲁姆，查尔斯·W.摩尔.身体，记忆与建筑 [M].成朝晖，译.杭州：中国美术学院出版社，2008：7，30-35.

[11] VICTOR BUCHLI. An Archaeology of Socialism[M]. Oxford：Berg Publishers，1999：140-141.

[12] MARTIN HEIDEGGER. Poetry，Language，Thought[M]. Translated by Albert Hofstadter. New York：Harper & Row，1971：143-161，163-186，211-229.

[13] 亚当·沙尔.建筑师解读海德格尔 [M].类延辉，王琦，译.北京：中国建筑工业出版社，2017：100-126.

[14] 乔治·贝克莱.视觉新论 [M].关文运，译.北京：商务印书馆，1957：18-20.

[15] R.D.沃尔克，H.L.小皮克.知觉与经验 [M].喻柏林，等译.北京：科学出版社，1986：71.

[16] 莫里斯·梅洛·庞蒂.知觉现象学 [M].姜志辉，译.北京：商务印书馆，2001.

[17] 包亚明.布尔迪厄访谈录——文化资本与社会炼金术 [M].上海：上海人民出版社，1997：142.

[18] PIERRE BOURDIEU. Distinction：A Social Critique of the Judgement of Taste[M]. Translated by Richard Nice. Oxford：Polity Press，1984：101.

[19] 高宣扬.布迪厄的社会理论 [M].上海：同济大学出版社，2004：118.

[20] PIERRE BOURDIEU. Outline of a Theory of Practice [M]. Cambridge：Cambridge University Press，1977.

[21] CARSTEN，HUGH-JONES. About the House：Lévi-Strauss and Beyond[M]. Cambridge ：Cambridge University Press，1995：2.

[22] EDWARD T Hall. The Hidden Dimension[M]. New York：Anchor Books，1982.

[23] AGNIESZKA SOROKOWSKA，PIOTR SOROKOWSKI，et al. Preferred Interpersonal Distances：A Global Comparison[J]. Journal of Cross-Cultural Psychology，2017，48（4）：577-592.

[24] DANIEL P KENNEDY，JAN GLÄSCHER，J MICHAEL TYSZKA，et al. Personal Space Regulation by the Human Amygdala[J]. Nat Neurosci，2009，12（10）：1226-1227.

[25] SUZANNE PRESTON BLIER. The Anatomy of Architecture：Ontology and Metaphor in Batammaliba Architectural Expression[M]. Chicago：University of Chicago Press，1995.

[26] LABELLE PRUSSIN. African Nomadic Architecture：Space，Place and Gender[M]. Washington：Smithsonian Institution Press.1997.

07

由物及人：
建筑与社会的互动

7.1 引言：从建筑的能动性谈起

就本书关注的建筑学与文化人类学这两个学科的交叉而言，物质空间，尤其是建筑与人之间的相互关系无疑是一个关注的焦点。房屋建筑作为人类物质文化的一部分，其物质结构、空间布局等内容通过建造和栖居活动与人们的社会生活、观念认知密切地联系在一起。关于这种关系的讨论，涉及个体层面，也涉及群体层面。在这些相关的讨论中，呈现出两种不同的思维路径：一种是将建筑作为个体认知或社会文化的"反映"，作为它们的物质载体来解读；另一种思维路径则是关注建筑的"能动性"，关注它在社会文化的建构过程中所发挥的积极作用。

相对而言，将建筑作为个体认知、社会结构、文化意象的物质载体，是更为惯常的研究路径。从个体角度来看，人们将对自身身体的认知意象投射到建筑之上，以此来建造建筑的现象历来不乏记载。例如前文就曾提到过，孩童们所绘的房子就总是与人脸同构，因此加斯顿·巴什拉把这些房子称作是"心灵、灵魂和人在意识中的直接产物"[1]。菲拉雷特也把人类最初的建筑归结到亚当将双臂聚拢在头顶这个身体姿势所形成的形式原型上[2]。从群体角度看，关于物质空间与社会组织在形式上的同构关系的讨论也并不鲜见。早在19世纪末，人类学家摩尔根在调查北美印第安人的社会时，就已经发现它们的房屋建筑的空间结构与社会结构具有明显的同构关系，并认为易洛魁人的长屋体现了"居住中的共产制"[3]；再如，南非祖鲁人（Zulu）的家宅形式也受到其政治体系之形式的密切影响[4]（图7-1）。

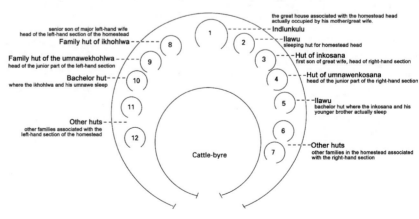

图7-1 祖鲁人（Zulu）的家宅

另一方面，也有一些学者注意到了建筑的"能动性"，即其在个体与群体建构中的积极作用。例如，布迪厄的"惯习"理论讨论的就是建成环境如何参与人自身的建构，他认为当人进入一个有秩序的建成环境时，身体就会阅读其内在秩序，通过习惯与居住行为来形成自身对文化基本框架的实践知识[5]。布迪厄的空间研究同样也涉及了群体层面，他在阿尔及利亚移民的研究中指出，现代城市住房破坏了乡村移民的家庭结构以及工作与生活之间的传统关系，住房实际上是一种社会控制的机器[6]。在此之后，亨利·列斐伏尔（Henri Lefebvre）展开了极具影响力的"空间生产"的讨论，他深刻地讨论思考了资本主义生产方式下空间和社会再生产的问题，认为城市作为一种空间形式，既是资本主义关系的产物，也是资本主义关系的再生产者，是时、空、人、物的流转及其背后权力架构之组织与管理规划[7]；甚至，"空间就是一种社会关系"，是资本关系的内在组成部分[8]。

本章关注的是第二种思维路径，即建筑的"能动性"。建筑不仅仅是静态的、被动呈现的载体符号，而是以一种动态的关系与人相互塑造；建筑不仅"反映"个体认知与社会文化，也参与它们的"建构"，促进这些内容的再生产。在具体的讨论中，将以乡土与后乡土时代的居住建筑，即家宅，作为主要的分析对象。

7.2　家屋社会中的乡土建筑研究

7.2.1　理论先导：家屋社会

本书第 02 章曾经提到，在 20 世纪中后期，"化石比喻"是乡土建筑研究主导性的研究范式。伴随着文化进化论学说在 20 世纪中期的复兴，建筑作为物质文化的重要组成部分，被普遍地当作区分社会文化发展阶段的标志；加上"二战"后社会经济重建等多种因素的加持，乡土建筑得到了广泛关注，乡土建筑研究的地位也大大提高。不同的乡土建筑形式，被用来描述不同族群的社会文化水平，并且类比过往之情况、推就未来之设想，构建一个普适性的社会文化发展进程。这一类研究的思考路径，无疑属于前述两种路径中的前者，即把乡土建筑作为"反映"社会文化的载体。而调转思考方向，逆向地考察乡土建筑在社会文化建构中的积极作用，就又要提及著名的人类学家列维 - 斯特劳斯了。他以结构主义人类学的研究而闻名，主要研究领域包括亲属关系、图腾和神话等。其中，他在亲属关系研究中所提出的"家屋社会"理论，虽然在其本人的学术成就中不是最为瞩目的，却对乡土建筑的研究产生了有益的影响。

在分析人类学家博厄斯对夸扣特尔人（Kwakiutl）的民族志研究时，列维 - 斯特劳斯发现，其社会组织既有父系特征也有母系特征，导致既有的人类学亲属分类体系无法很好地解释，因而提出了"家屋"（house）这个概念来描述其社会单元。之后，他又发现这种特征并不仅仅是夸扣特尔人社会中独有的，而是在许多人类社会中都存在。例如，聿洛克人（Yurok）通过房屋建筑来划分社会组织，居住在同一栋房屋中的人群构成基本的社会单元，"家屋"是当地社会履行权利义务的主体；而家屋及其主人的名字，正来自人们根据位置、地貌、立面装饰、仪式功能等特征为房屋所赋予的名字。此外，中世纪的欧洲也有类似的现象，贵族们常常用地产 / 城堡的名称来命名家族，后人可以从父方或母方得到这个名字，并相应继承头衔、权力、财富等一系列物质和非物质遗产，可以说，居所的名称就是继承体系的名称。于是，他便提出了"家屋社会"（house society）这种社会类型，来更好地描述类似的地方社会。列维 - 斯特劳斯对"家屋"的概念给出了这样的定义："一个道德主体：它持有一处由物质和非物质财富所构成的产业，通过依照某条真实的或是想象的脉络传承其名称而延续下来，这种延续性只要能以亲属或姻亲关系表现出来（通常两者都有），它就被认为是合理的 ①" [9]。

尽管列维 - 斯特劳斯提出"家屋社会"这一理论的初衷是为了解释一种新的社会结构类型，并没有对建筑特征进行深入的讨论，但它却对乡土建筑研究产生了很大影响：一方面，房屋建筑在地方性社会的研究中被放到了极其重要的位置上，成为对某一类社会的研究中必须关注的特征性内容；另一方面，它提出了一种思考物质空间与社会文化之关系的新方向，即把房屋建筑看作组织社会关系的手段。

这种思维路径的转向，在深受列维 - 斯特劳斯影响的布迪厄身上也可以看到。

---

① …moral person holding an estate made up of material and immaterial wealth which perpetuates itself through the transmission of its name down a real or imaginary line, considered legitimate as long as this continuity can express itself in the language of kinship or of affinity, and most often of both.

在布迪厄对柏柏尔人支系——卡拜尔人的民居进行的影响深远的研究中，尽管他对卡拜尔民居的建筑特征与神话 - 仪式系统的关联所进行的分析体现出结构主义的影响（即将建筑作为符号），但在阿尔及利亚研究期间，他也已经意识到了空间在社会建构中的积极作用。在论及法国军队对柏柏尔人居住空间的安置时（图7-2），他认为殖民者似乎已经在模糊地运用这一人类学法则："栖息地结构是文化最基本结构的象征性投影；对栖息地进行重组会引起整个文化系统自身的全面改变。"同时，他还将《实践逻辑》一文收入了该民居研究的附录，希望此后提出的"实践理论"可以从能动主体观念等方面弥补结构主义范式静态性的缺陷[10]。

基于列维 - 斯特劳斯等人的探索，20 世纪晚期出现了一批关注社会建构能动性的乡土建筑研究。他们对于前者之理论的共同继承，是把乡土建筑作为一种积极的对象植入社会文化的再生产之中，在一种动态的"过程性"视角下进行分析。就像卡罗琳·汉弗莱（Caroline Humphrey）反思的那样，既有的研究"倾向于把住宅当作象征主义或是宇宙观的一个'例子'，而不是当作一个有其自身权利的主体①"[11]；但实际上，在诸多的家屋社会中，物理性的"房屋"（house）和社会性的"家屋"（house）作为一对并行交织的概念，共同在实践和思维上为社会中的人提供了锚点[12]。而这些研究对家屋社会理论的发展，则主要体现在它们对乡土建筑的物质空间特征进行了更详细的考察——列维 - 斯特劳斯虽然分析了大量家屋

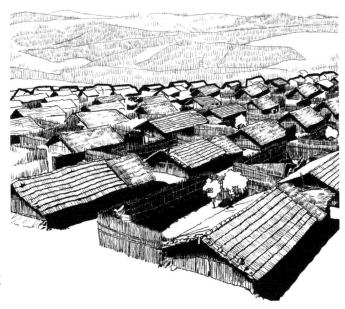

图7-2 法国人为山区
村落提供的安置营地

---

① …dwellings tend to be thought of as "cases" f symbolism or cosmology rather than a subject in their own right.

型社会，但并未详细讨论具体的建筑特征。这一时期的一系列研究，把乡土建筑的物质空间特征与社会关系的生产、文化解释的传递、集体认同的构成联系在一起，提供了一种解读建筑的新视角。

7.2.2　建筑与社会关系的生产

乡土建筑不仅反映社会关系，而且参与其生产这一特点，生动地体现在克里斯丁·赫利维尔的婆罗洲建筑调查中。当地的达雅克人居住在公共长屋中，长屋一侧分隔成若干单元作为个体家庭的空间，另一侧是走廊（图7-3、图7-4）。单元间的分隔十分脆弱，声音和光线都可以轻易穿透，有些缝隙甚至大到可以传递物品。这显然无法满足赫利维尔作为一个西方人的私密性需求，因此在长屋调研期间，她曾试图去填充居住单元周围的缝隙、加强隔离。但是，这些填充物总是被邻居们去掉，促使她意识到了建筑中刻意制造的"弱分隔"对于当地人的重要性：声音和光线的传递在长屋中形成了一种集体性氛围，促进了邻里之间的关照与互助。例如当一对夫妇发生争执时，他们可能会提高声音请其他人介入调解；当某个隔间没有照例透出火塘的火光或灯光时，人们就会去关怀，看主人是否遇到了问题、是否需要照拂。有趣的是，这种"弱分隔"还通过行为习俗的约束保障了私密性，例如，除非某个家庭发生了恶劣的行为（比如虐待孩子／配偶），否则人们就不可以在未经许可的情况下进入他人的居住单元。因此，赫利维尔指出，正是这些薄弱的墙体调和了长屋内的个体化与公共化需求，坚固的墙体反而不利于邻里关系的构建[13]。

在其他"家屋"型社会的研究中，也同样记录了乡土建筑组织社会结构，生产社会关系这一作用。例如，非洲的一些民族志资料中就记载了诸多用房屋建筑

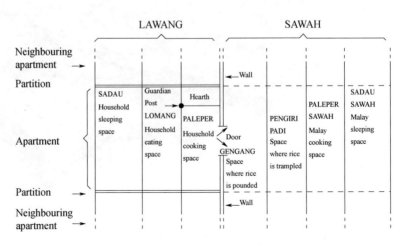

图 7-3　达雅克长屋平面布局

有关的术语来描述和建构社会体系的现象。在祖鲁人社会中，房屋既是物理实体也是社会群体，是一个可以用于解读当地社会结构和历史发展的模型，因此，亚当·库珀（Adam Kuper）形象地描述，社会组织的形式不是"血"，而是"土"[14]。埃文斯·普里契特（Evans Pritchard）在调查努尔人（Nuer）时，则发现他们听不懂他提的有关世系的问题，因为他们是用"火塘""棚屋的入口"这些用语来描述世系的[15]。

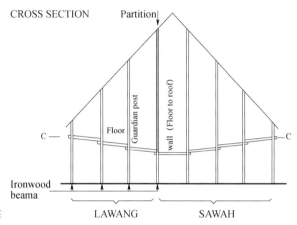

图 7-4　达雅克长屋剖面形态

在这样的"家屋"型社会中，社会关系发生变化时也往往少不了建筑的参与。就像在兰卡威（Langkawi）的聚落中，位于一块基地上的房屋群就意味着其中的居住者之间具有亲属关系。因此，当发生结婚、生子、分家等事件时，人们就要通过建筑的扩建、移动等行为来完成亲属关系的变动与再次确认。因而，当地房屋高度灵活可变，各个单元都是临时性、可移动的，让人们可以很容易地对其进行更改。所以，尽管当地村落中看起来经常发生建设活动，但实际上很少新建房屋，而是频繁地扩建和移动建筑[16]105-128（图 7-5）。

图 7-5　兰卡威的马来人在搬迁房屋

7.2.3　建筑与文化解释的传递

正如彼得·威尔森（Peter Wilson）所说，房屋建筑是非常重要的思想工具[17]，它就像一本书册，通过人们对其的"阅读"，即空间实践将意义传递出去，这在诸多地方性社会的文化解释的传承中都可以看到。

例如，玛雅人（Maya）的宇宙观在社群成员之中的确立和传递就是通过与房屋建筑等空间相关的一系列仪式来完成的。玛雅人通常将宇宙水平地分为四个方向或象限，用房屋的形式、结构以及某些类似的现象来标示（图7-6）。对于一个社会群体而言，其房屋虽然并非实际的宇宙中心，但人们通过逆时针绕行房屋的仪式来确认自身和房屋的关系（仪式中要说明仪式是为谁而进行的），从而使相应的人群获得空间定位。逝者则葬在屋子里的地板下①，因为祖先作为神灵的一种，是栖居在静止不动的空间中心的。就像苏珊·吉莱斯皮（Susan Gillespie）总结的那样，玛雅人的房屋并不仅仅是他们宇宙观在形式上的微缩象征，而是作为一个不可或缺的物质中心，使得社群成员们通过绕行仪式激活、确立和传递其宇宙观和空间体系，为自身和相联系的神灵提供了方向和定位[18]。

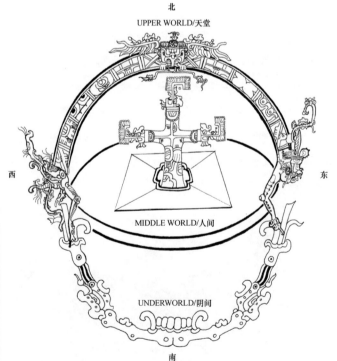

图7-6　玛雅人的宇宙观

----

① 这是更为传统的做法，后来逐渐改成将逝者葬在墓地，但是坟墓顶上用屋顶上使用的茅草覆盖（或代表茅草的松针），把坟墓做成房屋的复制品。

相较于有文字的玛雅人，建筑对文化意象及其解释的传递作用，对于无文字或者"弱"文字社会来说无疑意义更大。例如，我国滇西北地区的纳西族支系"阮可"人就是一个"弱"文字社会，其本民族的文字只为东巴祭司等少数人所掌握，因而，建筑就成为记录信息的载体之一，也成为语言之外传递文化解释的重要途径。在阮可人的房屋中央，设有一棵唤作"美杜"的中柱（图 7-7），意为"擎天柱"，被认为可以联系天地，柱头设有雕刻成云形的木板，作为天上和人间的分隔[19]。这一结构，被认为是纳西族传统宇宙观的空间再现：在其创世神话中，世界的空间结构是人为建造而成的，其中央通过"天柱"/"神山"来支撑[20]。中柱所在的空间是"阮可"人重要的仪式空间，每当人们在这里举行成人礼、婚礼等仪式时，中柱所代表的空间原型就会在仪式规程中被不断提起、得到阐述，从而实现文化解释在仪式成员之间的传递。

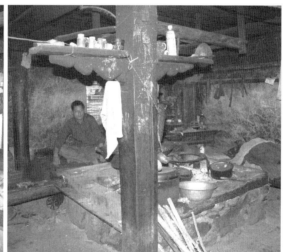

图 7-7 "阮可"人房屋的中柱

7.2.4 建筑与集体认同的构成

与前述案例类似，南美洲也库阿那人（Ye'cuana）的房屋建筑也是当地人表达和传递宇宙观的重要途径（图 3-7、图 3-8），房屋的地面代表海洋和土地，圆锥形屋顶的上下两部分覆盖不同的茅草来代表天空，大梁表示银河，中柱则联系天与地、可见与不可见的世界[16]189-205。

但是，尽管承载着丰富的含义，这些建筑的使用时间却通常很短。每六年左右，聚落就会被整体性地废弃。聚落废弃的原因有很多，例如资源的耗竭、建筑的倾颓等，其中一个重要原因就是疾病和死亡，尤其是头人的死亡；在这种情况下，人们会毁掉原有的房屋、择址另建。也库阿那人的村落史可以说就是一部政治史，人们通过选择头人来选择所居住的聚落；头人是聚落的灵魂，一旦他死去，整个聚落也随之死去，社会网络解体、建筑被全部销毁。建筑与聚落有意识地破坏与重建，实际上意味着新的社会网络的重组、社区的复兴与重生；而伴随着每一次建筑与聚落的重建，人们也同时形成了新的集体认同。

实际上，这种基于共同的建筑形式来形成集体认同的现象同样可以在现代民族国家的形成和发展过程中看到。1919 年第一次世界大战后，在凡尔赛举行的巴黎和会（图 7-8）上就出现过"因为我们还能在其余地方发现同样形式的房屋，所以这个民族的国家范围也应该扩展到那个地区"的说法[21]。这样的说法虽然被很多后来的学者所批判，但也有它的时代背景，对于现代民族国家而言，凝聚和巩固这一想象的共同体需要有形的物质实体来作为"民族精神"的具体依托，而建筑的民族形式就是很好的一个选项。这一事件明确地体现出了一点：即使在现代，乡土建筑对于巩固民族国家的身份认同而言仍然是十分重要的。

图 7-8　巴黎和会

7.3　后乡土时代家宅的研究

如果说在乡土建筑的研究中，把建筑作为社会文化的物质载体仍然是更常见的研究路径，对建筑参与社会文化建构之能动性的讨论仍然尚待发展。那么对于后乡土时代家宅的研究来说，第二种研究路径的应用要更为广泛一些。形成这种差异的原因并不复杂，在工业和后工业时期，除了少数精英会委托建筑师为自己建造住宅外，多数家庭的住宅并不像在乡土语境中那样由其居住者主持建造，而是宏观力量与个体行为融合或者说博弈的产物。因此，家宅呈现出更频繁和持续的动态特性，一方面与经济和政治力量相联系，另一方面又与个体家庭相互塑造，更全面地参与到了宏观与微观的社会过程中。相应地，后乡土时代家宅的研究便出现了一种"墙外"与"墙内"的分野，体现出了一种建筑形式与家庭生活之间的张力：对外部建筑形式的研究，较多地以商品或社区的形式参与到更为宏观的经济、政治、社会语境的讨论中去；对内部家庭生活的研究，则更多地把分离、附着、流动之特性作为主角，与身份塑造与情感延续等主题紧密地关联在一起。而不论是墙外或是墙内，物质空间都不再仅仅被看作社会生活的物质呈现，而是被视为参与后者之建构的因素之一。

7.3.1　墙外：作为经济与政治景观的住宅与社区

流通性的商品，是现代生活全面展开后给住宅带来的重要属性。现代城市语境给个体家庭在居住上带来的一个巨大变化，便是居住活动的起点从"盖房子"变成了"买房子"。一旦住宅从使用者自筹、自建、自用的日用品变成了地产商制造、贩卖，供市场流通交易的商品，住宅就成为了一种物质性的经济景观。由资本所左右的住宅的建筑形式、供应方式，影响着社会认知与意识。

例如，在纽约布鲁姆，商品住宅的供应在 19 世纪和 20 世纪采用了两种截然不同的方式（图 7-9、图 7-10），而后者的效果，就是通过物质景观促进了社会不平等的实现。在 19 世纪，出于对社会达尔文主义的普遍信奉，提供给工人阶级与精英阶级的住宅在建筑形式上是截然分开的，因而也明确地导向不同社会身份认同的形成。而在 20 世纪，资本家们试图通过商品住宅的建筑形式来粉饰布鲁姆这个以企业为中心的城市中显而易见的不平等性，似乎社会阶级的差异并不存在一样。在这一时期，不论是哪一个阶级都可以实现所期望的住宅形式。也就是说，工人阶级们也可以拥有与资本家们相似的住宅形式，装饰以相似的主题元素，采用相似的工艺风格。于是，非精英阶层的愿景似乎在物质形式上通过住宅得到了慰藉，工人与资本家之间内在的阶级矛盾似乎通过构建这一共同的居住景观得到了缓解。尽管经济上的差异和阶层间的不平等性依然存在，但这种带有共同装饰主题的住宅以及一种普遍的、连贯的、统一的景观在物质上建构出了一种与 19 世纪截然不同的意识。在马克思主义考古学家兰德尔·麦圭尔（Randall H. McGuire）看来，这种"民主式的消费文化"形成了共同的客体对象与物质崇拜[22]，从而掩饰了这些物质形式所形成和维系的共同景观中所固有的矛盾与利益冲突。

图 7-9　布鲁姆 19 世纪的资本家宅邸（上）与工人公寓（下）

图 7-10　布鲁姆 20 世纪的资本家宅邸（上）与工人公寓（下）

　　不过，资本主义社会中所供应的在建筑形式上具有一致性的商品住宅，也并不总是在消解人们之间的隔离，在有些情况下反而加强了人们之间的壁垒。在人类学家塞泽·洛（Setha Low）著名的北美门禁社区的研究中，建筑形式的一致性就导致了城市环境的碎片化。在各种硬质或软质边界所围合出的社区中，住宅的形式被一系列条款所控制，包括门前空间、景观、房屋配色、车道布置等，哪些可以更改，哪些不能更改都有严格的规定。于是，这些条款促使了居民们"从社会中、邻里中、责任中退出"，他们赞同这些严格的规则和管控，也乐于不必为维护而承担责任，也不再那么"关心在这些新的社区里交朋友"。最后，社区表面上的建筑风格——不论是殖民风格、现代风格还是其他混杂的风格，就都无关紧要了，真正紧要的是这些被管控的通用化的空间、材料、色彩成为社区的代理者，它们导致了邻里关系的退出。在城市中，这一个又一个的门禁社区在视觉、空间、社会层面造成了碎片化的、不连贯的生活形式和市民身份，人们越来越被阶级、种族、性别所隔离开来。此处，塞泽·洛引用了城市学者苏珊·法因施泰因（Susan S. Fainstein）的话来评价这一现象："建成环境的形式勾勒出了社会关系的结构，造成了性别、性取向、种族、民族和阶级的共性，呈现出了空间的身份。而社会群体又反过来通过社区的形成、领域的竞争以及隔离，把他们自身的印记实体性地留在了城市结构之中——换句话说，就是成群聚集、建立边界、制造距离。"在她看来，随着这类公共性的萎缩，"未来的城市""将会被种族和阶级分隔成一块块设有门禁的飞地"，并且一直这样持续下去[23]。

　　把目光从住宅的外壳再进一步向墙外延伸，社区与街道作为城市中最重要的组成部分之一，它们的物质形式同样处社会权力的复杂关系之中，参与着社会性的构建。

　　通过建成环境来塑造社会性的新形式，这样的讨论可以追溯到伦敦世博会的水晶宫。水晶宫不仅是工业时代的建筑在材料、结构和由此形成的空间上一种全新的展示，而且开创性地实现了人们在公共场所聚集和社交的新形式。不同于曲高和寡的藏宝室，这座公共建筑通过一个宏大的空间把人类在不同时期、不同地点所生产的大量产品聚集在一起，也把更广大的民众聚集在一起。藉由不断扩张的铁路系统，这个空间吸引了那些本来绝不会来首都的人，他们不论是在各个省份还是国外，都可以更加容易和简单地到达这里。于是，一个前所未有的空间被创造出来，来自不同地方、有着不同社会背景、不同阶级、不同口音的人们有条有理而又史无前例地聚集到了一个屋檐下。它打破了传统的语言、阶级和地域的界限，挑战了传统的空间层级和它们所维系的社会关系。

　　而约略在同一时期的巴黎，贫穷的无产阶级者们挤在狭窄的公寓里，邻里之间不得不彼此互动、参与、集聚，因而萌发了集体意识、形成了集体身份。可以说，贫穷和过度拥挤使得一种亲密性在被迫之下产生，进而促进了集体政治意识的形成。于是，城市形式的物质性就密切地卷入了新的社会性与思想形式之中。在法国大革命中，拥挤而狭窄的建成环境还为革命者们提供了物质上的抵抗途径，工人们熟练地从狭窄的街道中把铺设的鹅卵石挖出来，筑成抵抗警察和军队的路障[24]（图 7-11）。这一场景，与 1968 年巴黎学生动乱中"情景主义者"（situationist）的口号可谓遥相呼应："sous les paves, la plage"——"鹅卵石下才是真正的沙滩"[25]。这句口号字面上描述的是建成环境的物质特征，而实际促成的则是新的意识与行动，譬如说像把鹅卵石挖出来去反抗资本主义的既有秩序这样的行为。后来，乔治·奥斯曼（Georges Haussmann）男爵把这些地区以及其中狭窄的街道都夷为了平地，用宽阔的林荫大道取而代之（图 7-12）。这些大道景象壮丽、气势宏伟、为人称颂，但同时也可以带来军队，去镇压任何可能的革命企图。这些宽阔的大道通过其物质形式，消弭了革命企图的可能性。可以说，对建成环境的有意识改变与其他政治行为一起，杜绝了过去那些集体意识与集体行为的再度产生。

(a)　　　　　　　　　　　　(b)

图 7-11　革命者用铺路石和家具搭建路障

图 7-12　巴黎宽阔的林荫大道

类似地，人类学家保罗·拉比诺（Paul Rabinow）在其著作《现代法国》中论及法国的殖民城市时，也把社区规划作为法国当局的一种统治形式。例如，法国在对摩洛哥展开殖民统治的过程之始，就在传统的摩洛哥聚落旁边建造起新的欧洲聚落，把法国人和摩洛哥人、基督徒和穆斯林、现代和非现代区隔开来。这种现代化的、非历史性的物质形式的演进，在官僚管理的协助下促使了抽象空间的形成，置足在多样化的、历史性的、充满矛盾冲突的实践之上。不过，其中也不乏在欧洲形式中结合阿拉伯的装饰元素这样的行为，来促进有限的联系（也包括区隔）；而研究者们则关注并分析摩洛哥的传统建筑，为殖民控制提供必要的支撑。可以说，建筑、建筑风格以及规划，已然成为一种冉冉升起的、官僚与殖民的现代化统治技术 [26]。

就像米歇尔·福柯（Michel Foucault）在论述"微观物理学"时所展现的那样，对于空间的重置可以形成新的权力形式和控制形式 [27]，这些权力形式既有自上而下的（譬如奥斯曼与法国殖民者那样），也有自下而上的（譬如巴黎的革命者们那样），遍布各个层级，无所不在 [28]。

7.3.2　墙内：空间实践中的身份塑造与情感延续

在经济与政治力量越来越对墙外的建筑形式和社区形式产生决定性影响的同时，个体家庭的作为就不得不聚焦于，或者说退回到墙内的空间而不是建筑的外壳。于是，诸如性别身份的塑造、家庭情感的延续等这些与家庭认同密切相关的目的的达成，就只能通过住宅内部的空间实践，通过各类家居物品的附着、分离、流动来实现了。

对于以夫妻为主体的现代核心家庭而言，性别身份是十分重要的内容。然而，要在一处"买"来的家中塑造性别身份，内部空间的家居布置和装饰可以说是个体家庭能够进行的最主要的空间实践了。惯常而言，家庭主妇的工作不论在日常认知还是学术讨论中都总是被忽视，被认为是与政治或公共事务这些重要领域无关的琐碎劳作，只是父权制下的一个亚文化领域而已。然而，丹尼尔·米勒（Daniel Miller）在伦敦北部的廉租房调查中却得到了十分不同的结论 [29]。一方面，诸如厨房的装修改造这些家庭事务绝不仅仅是琐碎之事，而是个体家庭消除异化所采取的重要策略。尤其是那里的白人群体，他们对于自己作为租户的家庭消费地位非常不安，因而试图去处理厨房中由公家提供的装置，以此来消减这些默认的装置对他们租户身份的体现。他们有的是被动地将这些装置内化为无用之物，有的通过施以新的立面把注意力转移开，还有的用自己选购的装修彻底代替了原本的厨房。而在这项工作中，女性扮演着决策者的角色。尽管在强调平等的现代主义和极力消除性别区隔的女性主义推动下，伴随着 DIY 等概念的兴起，男性在家庭中待得越来越多了，但是就米勒的观察而言，男性在家庭事务上并没有承担更多责任，他们在家居装饰的过程中只是在女性的指导下提供体力劳动，而与设计决策无关。至于在单身男性独居这样的极端案例中，他们对这项工作就更加几乎是无能为力了。因此，在这一情景中，女性作为决策者，通过家居环境的改造对家庭身份的建构起到了至关重要的作用。

而对于苏维埃改革者来说，现代主义式的室内环境对于性别解放来说是十分必要的（图 7-13）。传统住宅中厚重的窗帘、堆积的物品、繁复的精雕细刻都被认为是藏污纳垢之地，而白色的表面、易清洗的平滑设计、大面积的金属与玻璃要更容易清洁，这就意味着女性不必再持续、反复地做清洁工作。而这些工作，恰恰被认为是父权制下女性分工的产物，它们通过反复的日常实践强化了父权制下女性的道德人格观念；因此省去家庭清洁的劳作，意味着女性可以从资产阶级的家务劳动中脱身出来，卷入更大范围的工业生产中去。当然，这同时也削弱了过往的女性身份认同，呈现更为中性化的性别气质，挑战了既有的性别观念，因而在斯大林主义后期的集权氛围里，这一趋势最终被拒斥了[30]117-136。

8. Комната с традиционной расстановкой мебели

9. Комната с зонированием пространства

图 7-13 传统（上）与现代（下）的家居环境

需要补充说明的是，对于家庭中的空间实践与性别身份塑造的关注，也与马克思主义分析、女性主义批评有关。作为摩尔根的忠实追随者，恩格斯继承了他对于日常生活、家庭以及房屋的关注。在对 19 世纪家庭生活的批判中，他观察到"在家庭中，丈夫是资产者，妻子则相当于无产阶级"[31]，并且在《家庭、私有制和国家的起源》一书中提出了一个著名的结论：性别不平等是特定生产模式和社会组织的结果。这一论断频繁地被女性研究引用，女权主义批判也随即和马克思主义共享旨趣，有了共同的目标和分析框架。早在 19 世纪，早期的女权主义者就同样关注家庭，他们试图通过提出一系列建筑和社会改革的意见，探索把女性从父权家庭解放出来的方式，以实现更加平权的未来[32]。"二战"以后，恩格斯论述中偏向与女权和女性的内容又被重新发掘出来，成为女性研究的重要支撑。在这样一种背景下，住宅与其中家庭生活成为一个重要的研究议题，因为"家"既是资本主义社会中性别不平等以及消费主义不平等的病灶，也是解决问题的落脚点。

当然，个体家庭在住宅内部空间中的物质实践并不会在家居布置结束后终止，家居物品的附着、分离、流动仍然会持续地发生。甚至在一些居住流动性极高的情况下，这些物件本身的重要性并不亚于住宅内部空间的整体布置。马塞尔·莫斯（Marcel Mauss）指出，维系日常生活的交换与流动具有道德建构的性质[33]。这一点在莫斯本人所观察的乡土性社会中例证颇多，也同样体现在现代家庭的语境中。物品与个体、家庭、物质空间之间的附着、分离、流动的不同可能性，对于家庭情感关系的延续或者调整产生着不同的影响。

例如，英格·丹尼尔（Inge Daniel）在观察现代日本住宅的过程中发现，由于现代社会中的房屋建造、摧毁和重建的周期并不长，以至于它们在某种程度上只是一个临时性的容器，是家庭成员和他们所拥有的物件，以及这些物件所承载的记忆的储藏室。倒是那些可移动的物件——例如家具、装饰品、收藏品、和服——在家族支系和朋友圈中不断流动，也同时参与着情感关系的维系。譬如，人们在现代城市住宅中仍然会设置尽管不那么实用，但却更具传统认同感的一些摆设，来营造"家"的氛围，并且通过家庭成员在其中日复一日的日常生活实践完成家庭认同感的巩固和再生产。例如，互赠礼物非常重要，即使是不平等的互赠关系仍然是互惠性的，藉由物件的流动，尊者给予指导和庇护，另一方则表达尊敬和忠诚，强化了层级性的相互关系。而且，步入晚年长辈会在家庭成员之间分配自己的各种物品，这成为一个"祖先化"的过程[34]，长辈们在去世前和后辈之间建立起了祖先与后裔之间的连接，并且引导他们通过什么样的物品、在什么样的情境下以什么样的方式去怀念自己。伴随着"二战"后消费的繁荣和更为扩张的社会网络，物件的流动愈发增加，以至于家庭中往往积累了大量"棘手的物件"（troublesome things），礼物成为"希望扔掉又难以扔掉的东西"[35]（图 7-14）。

图 7-14　日本居民家中堆积的礼物

　　也正是因为消费品繁荣下产生的这种过量，对物品的选择也成为对自我以及情感关系不断调整定位的途径。在对蒙特利尔的房屋租赁市场的研究中，马尔库[36]发现这座城市四分之三的住宅是租用的，而且租赁市场要求大部分租户在每年差不多同一时间更新他们的合约，于是，频繁的搬迁移动就成为蒙特利尔城市生活的一大特征。而这个城市内集体性迁徙的周期，也成为人与地点、人与物品、人与人之间关系调节的周期。出租公寓一般都不带家具，人们带着各自或轻便或笨重、或日常或珍藏、或实用或纪念性的物件一次次地搬家，甚至可以说他们是生活在这些物件中，而不是生活在房屋中；每一次搬家，对物品的整理和筛选也是在选择和重塑生活的记忆、整理和协商与不同人之间的关系。在一个消费社会中，"自我的生产"如果想要持续，就需要这种分离和流动的能力。

7.4 讨论：过程性视角下的建筑观

可以看到，不论是在家屋社会理论影响下的乡土建筑研究，还是文中提及的对于后乡土时代家宅的研究，都向我们展示了一种新的思考建筑的方式：在建筑与社会的互动过程之中去考察建筑。本章开头所提及的两种思维路径，将建筑作为社会文化的载体，以及关注建筑对于社会文化建构的"能动性"，这两者实际上并不是截然孤立的，而是相互融合、彼此交织的。在一种动态的、过程性的视角下，建筑既是一种反映社会文化的物质符号，也藉由其物质性积极地参与着社会文化的建构。我们所看到的并不是一个静止的时间切片，而是一个整体性的过程。建筑多样化的物质与非物质特征、社会群体多样化的社会与文化需求，不断地相互影响、相互塑造；它们通过这一动态过程被纳入了一个完整的体系中，而不再是不同学科领域中孤立的研究对象。这种"过程性"视角下的解读，向我们展示了一种更为整体的建筑观。

对于乡土社会的家宅而言，这个过程覆盖了建筑的全生命周期。由于乡土社会中往往社会分工不甚彻底，房屋建筑的设计者、建造者、居住者、维护者等群体不仅共享类似的背景，而且在人员构成上多有重叠。这种交叠带来的一个结果，就是社群成员会参与到建筑生命周期的多个阶段中，包括设计、建造、居住、维护、搬迁、改变、拆毁等。于是，建筑就和社群紧紧地联系在一起，建筑的重要过程往往和居住者生活中的重要事件共同发生，彼此间形成了一种互动关系。也就是说，建筑的材料、结构、空间、装饰、陈设等，不仅是居住者身体需求、社会形态、观念认知在物质空间中的映射，而且还藉由其物质性积极地、真真切切地参与到了后者的建构和再生产过程中去。建筑与社群的互动关系尤为密切。在这一点上，建筑非常接近路易斯·阿尔都塞（Louis Althusser）的"物质意识形态"概念，他不仅把意识形态看作现实的表述，还把它看作用于理解、产生现实的实际途径，是人类关系的构成部分。家屋社会中的乡土建筑，就参与到了社会文化生活的建构与再生产过程中。

同时，在这种动态的"过程性"视角下，一些多多少少被忽视的建筑特征和诉求也进入了人们的视野中。例如在达雅克人的例子中，建筑追求的是脆弱而非坚固；在兰卡威的例子中，人们希望建筑可以移动多变、而非持久永恒；在阮可人的例子中，人们关注的是中柱所再现的空间模型，而并非其物质上的形制工艺；在也库阿那聚落中，人们甚至有意地毁灭房屋的物质形态来完成社会的重组。这些内容，在建筑学惯常关注物质实体本身，并且倾向于追求坚固、持久、美观的思维方式下是较少进入人们视野的。本书前文论述文化多样性时，讨论过"常识与误识"的话题；对家屋社会中这些建筑的"过程性"考察就提供了转换立场与思维模式，更全面地解读地方性知识、地方性社会与地方性建筑的例子。

而对于后乡土时代的家宅而言，建筑作为一种过程，则体现出宏观力量与微观个体之间"统治与抵抗"的交缠 [30]120：一方面，外部的建筑形式往往受到经济和政治力量的影响，与更宏大和广泛的话语联系在一起；另一方面，内部的个体家庭的空间使用很多时候可以被看作是对前者指统治模式的抵制或反抗，通过各类物品的布置、使用、分配、流动、储存或是遗弃进行空间的再次演说。在这样一个相互交缠的动态过程中，家宅不再仅仅是静止的、等待着被解读的化石，而是关系的联结，具备着动态的"持续修订"（Continuous Revision）的能力 [37]。

然而，在这种"墙外""墙内"的分野中，我们也可以看出支配住宅的主导性力量的变化，以及随之而来的一种无奈：伴随着经济与政治力量强有力的介入，个体家庭对自己的居所能做的事情越来越少了。当住宅异化为一种被批量性制造和出售的商品，住宅以及社区的物质形式便离开了个体家庭的控制范围，从日常生活中彻底"脱嵌"了。人们很少再有机会像奇克森特米哈伊（Csikszentmihalyi）说的那样，作为一种"文化软体动物"，根据自己的本质来建造家宅，用它来容纳自己的个体特征 [38]，而是不得不削足适履，带着各自的随身细软把生活塞进一个个愈发标准化、通用化的外壳之中。这种困境，直到今天仍然在束缚着我们。当住宅的外壳在资本和权力的介入下异化为一种资产和规训手段，人们对于营造个性化的、具体的"家"的可能性都被限制在了住宅内部。于是，"日式和风""极简北欧风"等装修风格层出不穷，对住宅的各种"神级爆改""全能改造"被人追捧，成为人们热切愿景和满腔精力的安放之处。在自上而下的规训之下，人们在住宅之内见缝插针，通过各种正式或非正式的空间实践，使用各种抵制规训的"战术"来创造各自的日常生活 [39]。这种困境，似乎已经成了现代性、现代生活降临之后的宿命。然而，"家"是个体生活的港湾，也是最后的防线，芸芸众生在其中的空间实践寄托着他们对栖居的愿景和希冀。当住宅已然异化，"墙外""墙内"已然分野，如何给愈发处于弱势地位的个体予以更多的关注，是否可能让个体家庭获得更多对于住宅的话语权，应当是值得建筑学人持续思考的问题。

参考文献

[1] GASTON BACHELARD. The Potics of Space[M]. New York：Orion Press，1964：xiv.

[2] 菲拉雷特.菲拉雷特建筑学论集 [M].周玉鹏，贾珺，译.北京：中国建筑工业出版社，2014：31-42.

[3] LEWIS HENRY MORGAN. Houses and house-life of the American aborigines[M]. Chicago：University of Chicago Press，1965.

[4] ADAM KUPER. The "House" and Zulu Political Structure in the Nineteenth Century[J]. Journal of African History，1993，34（3）：469-487.

[5] PIERRE BOURDIEU. Outline of a Theory of Practice[M]. Translatcd by Richard Nice. Cambridge：Cambridge University Press，1977.

[6] PIERRE BOURDIEU. Algeria 1960：Essays by Pierre Bourdieu[M]. Cambridge ：Cambridge University Press，1979：64-91.

[7] 吴宇.日常生活批评——列斐伏尔哲学思想研究 [M].北京：人民出版社，2007：352-353.

[8] HENRY LEFEBVRE. The Production of Space [M]. Oxford：Blackwell Publishing，1991：85.

[9] CLAUDE LÉVI-STRAUSS. The Way of the Masks[M]. Translated by Sylvia Modelski. London：Jonathan Cape，1983：163- 176.

[10] 海伦娜·韦伯斯特.建筑师解读布迪厄 [M].林溪，林源，译.北京：中国建筑工业出版社，2017：20.

[11] CAROLINE HUMPHREY. No Place Like Home in Anthropology：The Neglect of Architecture [J]. Anthropology Today，1988，4（1）：16.

[12] ROXANA WATERSON. The Living House：An Anthropology of Architecture in South-East Asia [M]. Singapore ：Oxford University Press，1990：91-92.

[13] CHRISTINE HELLIWELL. Good Walls Make Bad Neighbours：The Dayak Longhouse as a Community of Voices[G] // James J. Fox（ed）. Inside Austronesian Houses：Perspectives on Domestic Design for Living. Canberra：ANU Press，2006：45-63.

[14] ADAM KUPER. The "House" and Zulu Political Structure in the Nineteenth Century[J]. Journal of African History，1993,34（3）：469-487.

[15] EVANS-PRITCHARD. The Nuer：a Description of the Modes of Livelihood and Political Institutions of a Nilotic People[M]. Oxford：Oxford University Press，1940：195.

[16] CARSTEN，HUGH-JONES. About the House：Lévi-Strauss and Beyond[M]. Cambridge ：Cambridge University Press，1995：105-128，189-205.

[17] PETER WILSON. The Domestication of Human Species[M]. New Haven：Yale University Press，1988：57-78.

[18] SUSAN GILLESPIE. Maya "nested house"：the Ritual Construction of Place[G]//Rosemary A. Joyce and Susan D. Gillespie（ed）. Beyond kinship：Social and Material Reproduction in House Societies. Philadelphia：University of Pennsylvania Press：2000：135-160.

[19] 潘曦.纳西族乡土建筑建造范式 [M].北京：中国建筑工业出版社，2015：46-52.

[20] 田松.神灵世界的余韵：纳西族：一个古老民族的变迁 [M].上海：上海交通大学出版社，2008：26.

[21] MARCEL MAUSS. Techniques，Technology and Civilisation [M]. New York：Durkheim Press，2006：43.

[22] RANDALL H MCGUIRE，ROBERT PAYNTER. The Archaeology of Inequality. 1991：102-124.

[23] SETHA LOW. Urban Fear：Building the Fortress City. City & Society. 1997，9（1）：53-71.

[24] MARK TRAUGOTT. The Insurgent Barricade. Berkeley：University of California Press，2010.

[25] SIMON SADLER. The Situationist City. Cambridge，MA：MIT Press，1998.

[26] PAUL RABINOW. French Modern：Norms and Forms of the Social Environment，Chicago：

University of Chicago Press，1989：312-315.

[27] 米歇尔·福柯. 规训与惩罚：监狱的诞生 [M]. 刘北成，杨远婴，译. 北京：生活·读书·新知
三联书店，1999：219-258.

[28] MICHEL FOUCAULT. Space，Kowledge and Power// The Foucault Reader[M]. London：
Harmondsworth Press，1986：239-257.

[29] DANIEL MILLER. Appropriating the State on the Council Estate. Man（New Series），23（2）：
353-372.

[30] VICTOR BUCHLI. An Archaeology of Socialism. Oxford：Berg Publishers，1999，120，117-136.

[31] 恩格斯. 家庭，私有制和国家的起源 [M]. 中共中央马克思恩格斯列宁斯大林著作编译局，译. 北
京：人民出版社，1999：76.

[32] DOLORES HAYDEN. The Grand Domestic Revolution：A History of Feminist Designs for
American Homes Neighborhoods and Cities. Cambridge，MA：MIT Press，1981：6-8.

[33] 马塞尔·莫斯. 礼物：古式社会中交换的形式与理由 [M]. 汲喆，译. 北京：商务印书馆，2016.

[34] JEAN SÉBASTIEN MARCOUX. The 'Casser Maison' Ritual：Constructing the Self by Emptying
the Home. Journal of Material Culture，2001，6（2）：213-235.

[35] INGE DANIEL. The Japanese House：Material Culture and the Modern Home. Oxford York：Berg，
2010：174.

[36] JEAN SÉBASTIEN MARCOUX. The Refurbishment of Memory. // Daniel Miller ed. Home
Possessions：Material Culture Behind Closed Doors. Oxford York：Berg，2001：69-86.

[37] PAULINE GARCEY. Organized Disorder：Moving Furniture in Norwegian Homes// Daniel Miller
ed. Home Possessions：Material Culture Behind Closed Doors. Oxford York：Berg，2001：47-68.

[38] MIHALY CSIKSZENTMIHALYI，EUGENE ROCHBERG-HALTON. The Meaning of Things：
Domestic Symbols and the Self. Cambridge：Cambridge University Press，1981：138.

[39] 米歇尔·德·塞尔托. 日常生活实践：1. 实践的艺术 [M]. 方琳琳，黄春柳，译. 南京：南京
大学出版社，2009.

08

经纬天下：
城市与权力的勾连

8.1 引言：复杂的城市

就笔者的经验而言，许多建筑学与文化人类学交叉视角下的研究似乎都偏爱"平民化""草根性"的题材。不论是原始部落、乡土建筑还是城市中的街角社会，普罗大众居住生活的建成环境中充满了鲜活生动的人间烟火气息，似乎与人类学接地气的研究方法和自带的人文关怀气质更为匹配。不过，本章的讨论要稍稍偏离这样的基调，关注城市与权力这样一个不那么平易近人的话题。

城市这种人类聚落的形式，相较于原始部落与乡村，天然地更适合与权力勾连在一起。一般来说，后者作为聚落的规模相对较小，社会结构也比较简单。马克思曾经在《路易·波拿巴的雾月十八日》一书中这样形容法国的农村：小农人数众多，他们的生活条件相同，但是彼此间并没有发生多种多样的关系。他们的生产方式不是使他们互相交往，而是使他们互相隔离……没有丰富的社会关系。每一个农户差不多都是自给自足的……因而他们取得生活资料多半是靠与自然交换，而不是靠与社会交往。"一个又一个农民家庭聚集成村子，他们"是由一些同名数简单相加而成的，好像一袋马铃薯是由袋中的一个个马铃薯所集成的那样"[1]。社群成员的生活彼此相似，相互之间的关系也不复杂，社会单元独立而缺乏互动，这就意味着乡村社会近乎是很多相似个体的简单叠加，其社会结构也是扁平化的。而城市则不同，不论是中世纪数万人口的城市，还是当代数百万、数千万人口的城市，它们的规模一般来说都大于同时期的乡村（图8-1）。城市的运行得以维系，靠的不是小农家庭那样自给自足的经济单元，而是依靠社会分工与交换，这就意

图8-1 乡村聚落（左）与城市聚落（右）的对比

味着城市的社会层级更多、社会结构也更为复杂，外郭内城、左祖右社、前朝后市、里坊纵横，容纳着不同阶层的人群与不同性质的活动。而且，城市往往在国家的建制体系中处在乡村的上游、更加靠近权力的中心；反过来，各级权力中心所处的所在地，也往往更容易发展为城市，例如华盛顿、巴西利亚等，都是出于政治需求而建设的城市。因此，就权力这个话题而言，城市往往更深地参与到权力的获得、执行和彰显这些过程中去。

8.2 城市空间实践：权力的获得

权力作为一种广泛存在的社会现象，是人类社会维持秩序、实现运转、达成公共目标的必要手段。那么，权力作为一种可以影响别人，甚至控制别人的支配性、强制性的能力，是怎么形成、怎么获得的呢？关于权力的来源，常见的有这样一些学说。一种是君权神授论，即将统治者的权力归为神所赐予的，具有天然的合理性，君王就是神的代表，在人间行使权力，统治民众。我国古代的《尚书·召诰》中记载"有夏服天命""有殷受天命"，即夏朝、殷朝的存在受命于天，就是这种思想最早的记载之一 [2]。这种思想在其他古代国家也十分普遍，例如古埃及的法老就把自己编写进神灵的谱系中去，并刻意维系家族血统的纯净以获得统治的合法性；欧洲中世纪的君王则通过唯一的神——上帝获得权力，国王必须经过大主教的加冕之后才成为合法的统治者。第二种学说是暴力强权论，认为权力来自恐惧和服从，因此权力是人与人、群体与群体、阶级与阶级之间暴力斗争的结果。还有一种学说是社会契约论，认为人与人生来平等，相互之间并没有先天的管理与被管理的关系，但是人们为了社会的运转而相互签订契约，通过让渡一部分个人权利来换取公共目标的达成，行使公共权力的机构或个人则由人们共同选举产生，从而实现公共利益的保障。西方思想家托马斯·霍布斯（Thomas Hobbes，1588）、约翰·洛克（John Locke）、卢梭等人都曾著书立说，阐述过这一学说。卢梭提出的"天赋人权"和"主权在民"的思想[3]，成为了现代民主制度的基石。此处，本书就以分别处于君权神授、社会契约下的两个城市为例，来讨论城市如何通过空间实践参与到权力的获得中去。

8.2.1　君权神授下的明清北京

我国从战国中期开始就处于封建社会，在此期间，君王的统治权主要靠天命来获得合法性，因此国家的统治者通常也被称为"天子"。东汉时期的《白虎通德论》讲，"天子者，爵称也，所以称天子者何，王者父天母地，为天之子也，故援神契曰，天覆地载，为之天子也"，说的就是这个理论[4]。因此，皇帝的诏书开头都有一句"奉天承运"，意思就是说皇帝统治普罗大众、做出某项决定的权力是由上天所授予的。那么天子又如何与天地沟通，从哪里获得这份权力呢？在超自然的世界观下，人与神灵的沟通是通过仪式来进行的。天子要获得合法的统治权力，就要通过与天、地和其他自然神祇建立联系的仪式来获得。

在我国历史上最后的五代封建王朝——辽、金、元、明、清时期，北京一直被作为国家的都城①，尤其是在明、清两代经历了大规模的系统性建设，成为我国古代城市的杰出代表。同时，明、清两代也是我国封建社会之王权统治达到顶峰的时期。可以说，明清北京城的建设是与王权不断集中的过程相互交织在一起的。明洪武元年（1368年），明军攻占了元大都，将其改名为"北平"，并进行了大规模改建；洪武十三年（1380年），明太祖朱元璋废除了宰相制，建立起中央集权的帝国政府；明成祖朱棣即位后，决定将国都从南京迁往北平，并将其改名为"北京"，宫殿、城垣的修建从明永乐四年（1406年）开始，到永乐十八年（1420年）基本竣工，形成了北京城内城的基本框架；竣工同年，朱棣定都北京，并设立了直接向皇帝负责的特务机关东缉事厂（简称东厂），可以不经司法机关批准就缉拿臣民；明仁宗、明宣宗在位时期，明朝的内阁之地位日益尊崇，到了明世宗中叶时，内阁已经成为压制六部的机构，其首辅大学士地位等同宰相；在明世宗执政末期的嘉靖四十三年（1564年），皇帝朱厚熜加筑了包围北京南郊的外城南墙，北京城的"凸"字形格局至此形成（图8-2）。清代定都北京后，没有大幅改动明朝北京城的旧制，只是在原有基础上进行了修缮和重建（图8-3、图8-4）；但在王权

---

① 北京在辽代是陪都，其余朝代是国都。

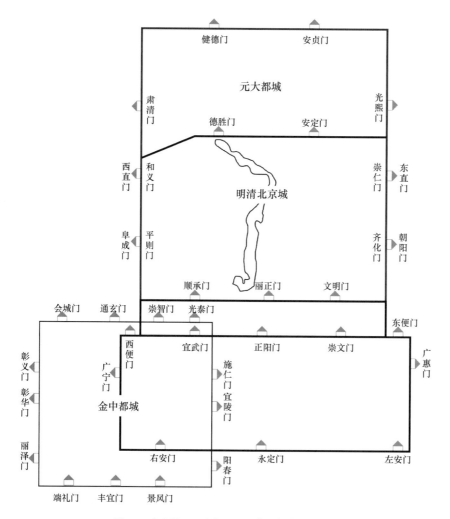

图 8-2　金中都，元大都，明、清北京城变迁对比

统治方面，雍正年间设立的军机处①取代内阁，成为清代最核心的政治部门，这标志着清王朝的君主专制制度发展到了顶点[5][6]41-54。从这一都城建设和体制变迁的过程可以看出，明清北京城无疑是我国封建王权最集中的物质见证之一。

　　居住在北京城的明清帝王和过往的历代君王一样，需要通过那些联系天地神祇的仪式来获得君权。这座城市对于他们来说，就是仪式中不可或缺的大型道具；而他们在城市中的空间实践，则是仪式规程中十分重要的组成部分。

　　在明清北京城的空间布局中，有一系列仪式空间从紫禁城开始，从城市中心向外扩散分布。太庙和社稷坛在紫禁城内部，对称设置；天坛、地坛、日坛、月

---

① 初设时名为"军机房"，后改名"办理军机事务处"，其建立时间在不同的文献中
　说法不同，大致在雍正七年到雍正十年间。

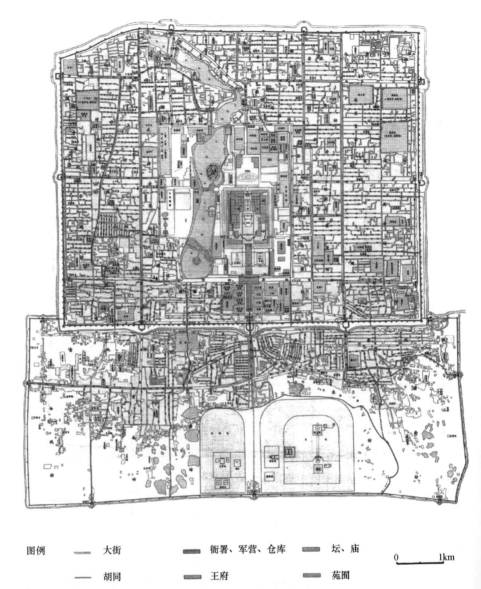

图例　　———　大街　　　▰　衙署、军营、仓库　　▰　坛、庙

　　　　———　胡同　　　▰　王府　　　　　　　▰　苑囿

0　　　　　1km

图 8-3　明代北京城平面图

坛分布位于紫禁城的南、北、东、西四个方向[①]。其中天坛坐北朝南，地坛坐南朝
北，两两相对；日坛坐东朝西，月坛坐西朝东，两两相对。此外，还有先农坛、
先蚕坛、孔庙、历代帝王庙等。在一年中的不同时候，皇帝会在这些地方举行不
同的祭祀仪式（表 8-1、图 8-5），其中尤其以每年冬至日在天坛（图 8-6、图 8-7）
进行的祭天仪式尤为隆重。祭天大典在明嘉靖年间从明代初期的天地合祀制度中
独立出来，在每年冬至举行。清代了沿袭这一制度，在顺治、康熙、雍正三朝不

① 明初实行郊祀制度，主要的祭坛设在北京城郊。嘉靖年间修建了南侧外城后，天坛
与山川坛（即清代的先农坛）被圈进外城城墙，地坛、日坛和月坛仍在郊外。

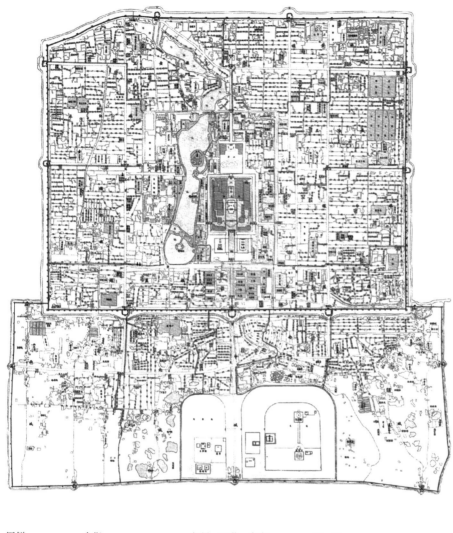

图 8-4　清代北京城平面图

断完善，至乾隆时期最为完备。完整的祭天仪式，从冬至前就开始了。皇帝先在凝禧殿视牲、演礼；在冬至前三天到太庙请神主，在中和殿阅祝板，然后在紫禁城内斋戒；在冬至前一天到皇穹宇上香，到神库视笾豆，到神厨视牲。冬至那一天，皇帝在日出前七刻诣坛，身着祭服，进左棂星门而至拜位。圜丘坛上坐北朝南设有皇天上帝、日月星辰、云雨风雷的牌位，皇帝要经过迎神、初献、亚献、终献、答福胙、撤馔、送神、送燎八道程序才能完成正式的仪式 [7]。在这里，人世间最尊贵的皇帝也只是一个来访者，神灵才是主人。皇帝必须下跪叩拜数十次才能完成对这些神灵的祭祀仪式。而且，这种通过身体折磨来形成精神净化的痛苦过程，也只有皇帝才有资格进行，以此来形成与上天既接近又卑微的关系 [8]。皇帝一方面是世俗世界中最尊贵的人、是万民之王，另一方面又是神圣典仪中的供奉者、是昊天之子，于是他就成了世俗世界和神圣世界之间、成了天人之间唯一的沟通桥梁。这一点，在其他的国家祭祀之中也被不断地重复和强调。如此，通过在特定空间中的祭祀实践，皇帝坐实了天人之媒介的身份，也完成了君权"授命于天"这个过程。

表 8-1　北京城主要的仪式空间及功用

名称	主要形制	祭祀功用
太庙	建筑群坐北朝南，三重墙垣环绕，中轴线上有戟门、祭殿、寝殿、桃殿，以及神厨、神库、宰牲房、治牲房、井亭等建筑	每季孟月初一（享祭）、有国家重大事件时（告祭）、除夕前一天（祫祭）祭祀祖先
社稷坛	建筑群坐北朝南，双重墙垣环绕，有社稷坛、拜殿、戟门、神库、神厨、宰牲亭等建筑。社稷坛为方形，三层，汉白玉砌成，坛上铺有中黄、东青、南红、西白、北黑的五色土，四周矮墙对应覆盖四色琉璃瓦	春秋仲月上戊日、祭祀社（土地神）、稷（五谷神）二神祇
天坛（圜丘坛）	建筑群坐北朝南，双重墙垣环绕，坛墙南方北圆。圜丘坛在南，主要建筑有圜丘坛、皇穹宇等；祈谷坛在北，主要建筑有祈年殿、皇乾殿、祈年门等	冬至日祭祀皇天上帝，配祀日月星辰、云雨风雷之神
地坛（方泽坛）	建筑群坐南朝北，双重墙垣环绕，中轴线上是方泽坛与皇祇室，西北、西南是斋宫及神厨、神库、宰牲亭等。地坛平面为方形，高两层，用黄色琉璃砖与青白石砌筑	夏至日祭祀皇地祇
日坛（朝日坛）	建筑群坐东朝西，围墙西方东圆，中央为日坛，西侧有具服殿，神厨、神库、宰牲亭等。日坛为一层，平面方形，原铺设红色琉璃砖以象征太阳，清代改为方砖墁砌。四周围有圆形矮墙	春分日祭祀大明之神，即太阳神
月坛（夕月坛）	建筑群坐西朝东，东北为具服殿，西南为神厨、神库、宰牲亭等。月坛平面方形，行制与日坛类似，但阶级数等用阴数，铺设白石，围有方形矮墙	秋分日祭祀夜明之神，即月亮神，以及天上诸星宿神
先农坛（山川坛）	建筑群坐北朝南，有庆成宫、太岁殿、具服殿，神厨、神库、宰牲亭等建筑，以及观耕台、先农坛、天神坛、地祇坛四座坛台	仲春亥日综合祭祀，包括太岁、春夏秋冬之神、风雷云雨之神、四海四渎之神、京畿与天下名山大川之神、先农神等
先蚕坛	初在安定门外，嘉靖时迁至西苑。建筑群坐北朝南，有茧馆、织室、先蚕神殿、蚕署、蚕室、神厨、神库、宰牲亭、井亭等建筑。先蚕坛为一层方坛，与先农坛共同作为"男耕女织"的象征	仲春已日祭祀蚕神（后妃祭祀）
孔庙	建筑群坐北朝南，有影壁、先师门、大成门、大成殿和崇圣祠等建筑	祭祀孔子
历代帝王庙	建筑群坐北朝南，有庙门、景德门、景德崇圣殿、祭器库，以及神厨、神库、宰牲亭、井亭等建筑	祭祀历代帝王

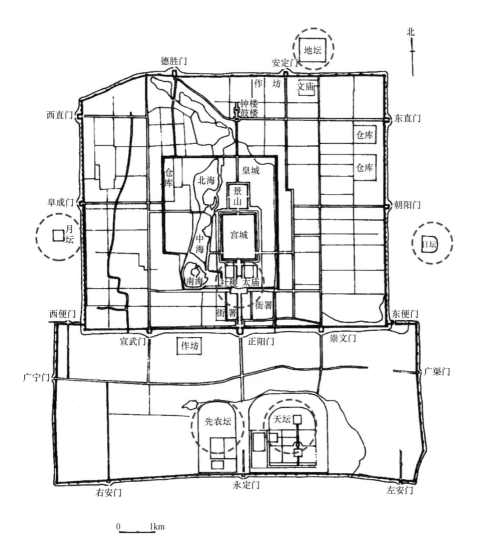

北

德胜门　安定门
　　　　　　　作坊　文庙　　地坛
西直门　　钟楼
　　　　　鼓楼　　　　　　　东直门
　　　　　　　　　　　仓库
　　仓库　　皇城
　　　　北海　　　　　仓库
阜成门　　　　景山
　月坛　　　　宫城　　　　朝阳门
　　　　中海
　　　　　　　　　　　日坛
　　　　南海　社稷 太庙
　　　　　　街署 街署
西便门　　　　　　　　　东便门
　宣武门　作坊　正阳门　崇文门
广宁门　　　　　　　　　广渠门

先农坛　天坛

右安门　　永定门　　左安门

0 ____ 1km

图 8-5　北京城主要坛庙的空间分布

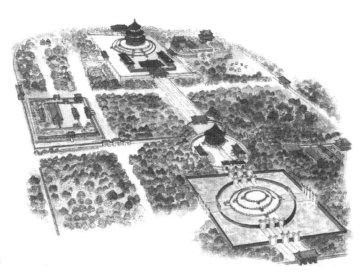

图 8-6　天坛建筑群

图 8-7　民国时期的圆丘坛

8.2.2　契约社会下的古代雅典

与中轴对称、布局规整的北京城相比，古希腊时期处于城邦制度下的雅典城在空间形态上要自由许多。这其中一方面有自然环境的影响，雅典围绕卫城山而形成，不像明清北京城位于相对平坦开场的地形上；另一方面也有文化传统的影响，古希腊时期的人们并不像古代中国人那样有一个自《匠人营国》就开始形成发展的理想城市模型。除此之外，其社会形态与政治体制也是十分重要的影响因素。

雅典在青铜时代的迈锡尼文明时期就已经是一处聚落，主要范围是卫城及其附近的地区。尽管迈锡尼文明在公元前 12 世纪被多利亚人毁灭，但是雅典作为一处定居点却没有受到太大的损害而保留了下来。在古希腊传说中，特修斯（Theseus）成为雅典的王之后①，统一了阿提卡地区，建立了起共和制。这一时期，阿提卡的各个部落虽然仍然保留有自己的首领和法官，但是其上有一个中央政府，设在政治中心雅典；各部落的议事会解散，由雅典的中央议事会所代替。公元前 594 年，梭伦（Solon）当选为雅典的首席执政官，进行了深入的社会政治改革。他把全体雅典公民分为了四个等级，所有等级的公民都可以加入公民大会，选举官吏，讨论和决定国家大事；一、二、三等级的公民可以参加四百人议事会，作为公民大

---

① 关于特修斯在位的年份，不同的文献中说法不一，有说公元前 8 世纪的，也有说公元前 13 世纪的，但关于其在位时期的描述，可以反映公元前 7 世纪之前雅典早期的情况。

会的常设机关；一、二等级的公民可以担任执政官，第三等级的公民可以担任低级官职；所有公民都可以担任陪审员，参与审理案件。这些措施打破了此前氏族贵族专权的局面，使公民更广泛地享有了参与政治管理的权力。到了公元前 508 年，克里斯提尼（Clisthenes）又实施了进一步的改革。他跨地区划分了十个选举区，扩大了公民的人数，把议事会从四百人扩大为五百人，还制定了贝壳 / 陶片流放法，成立了十将军委员会。这一系列措施削弱了氏族的实力，进一步确立和完善了雅典的民主政治。此后，雅典一直处于民主制之下，直至提洛同盟时期走向帝国化，这段时期也被称为古希腊的古典时代 [9][10]。

在这样的契约社会之中，公民大会作为最高权力机关，是通过选举产生的，保障选举活动得以进行的场所——广场，就成了每个城邦中必备的核心空间。古典时期的雅典与明清时期的北京不同，在北京，统治者通过与神灵的交互来获得权力，政治和宗教紧密联系；而在雅典，政治与宗教是分开的。宗教的中心位于城邦保护神雅典娜的圣地——卫城，而政治的中心则是在卫城山下的广场（Agora）。广场这种空间形式在古希腊出现得很早，荷马史诗《伊利亚特》中就有过关于它的描写①。广场最古老的功能是公共的会面场所，人们在此交流消息和意见，由于人群经常性的聚集又形成了商业市场的功能，之后又衍生出了更多的功能[11]158-168。雅典广场至少在公元前 6 世纪早期就已经形成，在公元前 5 世纪时已经是城市生活的中心了。雅典广场作为市民正式和非正式的会场，容纳了主要的行政建筑、一些神殿和众多商铺，还兼有戏剧、音乐、舞蹈表演和体育比赛的功能。这些行政建筑可以追溯到梭伦时代，广场西北角的十二神灵圣坛则是公元前 522/521 年庇西特拉图（Peisistratos）的孙子献祭的地方，弑君者哈莫狄奥斯（Harmodios）和阿里斯托吉顿（Aristogeiton）的雕像竖立于公元前 508/507 年，那个时期，广场东南角已经建有公共的泉水房，西南角则有一个露天法庭。广场西侧的克洛诺斯·阿戈莱奥斯山脚下建有面向广场的议事厅，适应五百人议事会的需要，议事厅的北面则分别建有献给众神之母盖亚、先祖阿波罗以及众神之王宙斯的神殿或圣坛，圣路旁还有巴塞勒斯拱廊，它们面前是石制的排水渠（图 8-8）。公元前 480 年和479 年，波斯人的入侵对雅典造成了极大的破坏，之后雅典人重建了议会厅、法庭和巴塞勒斯拱廊，重新竖起了弑君者雕像，又在议会厅南面修建了一座圆形建筑来供议事会委员会使用，赫尔墨斯雕像及其拱廊也是在这个时期修建的。伯里克利（Pericles）执政时期，又在广场建造了大批新建筑，包括将军委员会总部、新

① 荷马，古希腊诗人，生活在公元前 10 世纪到 8 世纪之间，他的两部史诗《伊利亚特》和《奥德赛》被认为反映了他所生活的时代及其之前的情形。

宙斯拱廊、新议会厅、齐名英雄纪念墙^①、铸币厂、法庭等（图8-9），当然，还有大量出售形形色色商品的商铺作坊^[12]。

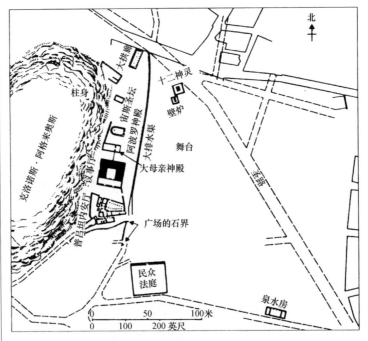

图 8-8　雅典古市集广场（约公元前 500 年）

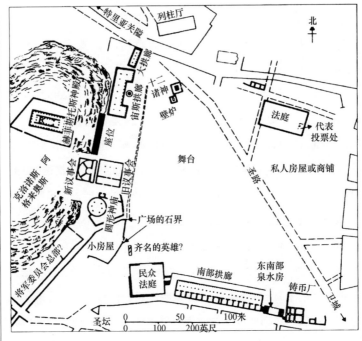

图 8-9　雅典古市集广场（约公元前 400 年）

---

① 墙身顶端竖立着10个雅典英雄的雕像，分别代表克里斯提尼改革中划定的雅典的10个部落。

在广场上，每隔 10 天就要召开一次公民大会①，供公民在大会上发言或辩论的讲台就设在会场中央，凡年满 18 岁的男性公民均有资格参加，来讨论粮食供给、城邦防御、官员任免等重要事务。公民大会一年大约有 40 次，其中有 4 次是定期例会。而议事会的例会则是除节日和凶日之外每天进行，每年至少 260 天，地点通常在议事会厅。各项法令的通过，首先要由议事会讨论，并向公民大会提交议案，然后把公民大会的会期、议案、法令草案等信息提前公布在齐名英雄墙上。公民大会的成员会对这些提案进行投票，通常是以举手或者投石子的形式进行。投票表决之后，其决定也公告在齐名英雄墙上。遇到非常紧急的临时会议时，会有传令官在街上大声喊叫，或在市场上燃起一炷狼烟，通知有公民权的人紧急聚会。城邦所有既有的法律、法令、公民大会和议事会的决议，以及收支账目等，则存放在众神之母的神殿里，供公民们查阅。所有的雅典的执政官在就职前，都要在宙斯圣坛前宣誓，保证将会公正地执法执政，不会以权谋私[13]。可见，对于古典时期的雅典而言，广场是城邦制度运转的重要核心，民主政治的机构及其权力，主要都是通过在广场及各类建筑的空间实践来实现的（图 8-10）。

图 8-10　雅典古市集广场透视示意图

---

① 有的时候，公民大会也会在其他地方举行，比如卫城西部的皮尼科斯山，以及迪奥尼索斯剧场等。

8.3 城市机构与制度：权力的执行

获取权力后，权力的拥有者还要去执行权力。权力的执行可以有很多种方式和手段，通过物质空间的手段来执行也是其中之一。从物质空间的类型而言，现代城市要比传统城市更加丰富。这一方面是由于社会本身的发展，比如社会分工不断细化、社会生产力不断提高，出现了工厂、银行、商场、博物馆等各种各样的现代机构。另一方面是由于建筑材料与技术的发展，例如钢铁、玻璃、混凝土等材料的普及，制造、运输、施工等技术不断进步，建造高层、大跨的建筑不再是难事，人们可以实现的建筑形式大大增加了。此外，功能主义思想在建筑、规划领域的盛行也进一步让建筑类型变得愈发丰富。例如，20 世纪现代主义建筑最著名的口号之一，就是"形式追随功能"（form follows function）；在这样的思想背景下，人们的观念更加倾向于建筑形式应当与使用功能相匹配，就像工厂就应该有工厂的样子，博物馆就应该有博物馆的样子。在现代城市中，几乎每一类机构都可以对应到一种建筑类型，前者是社会组织的概念，后者是物质空间的概念。正因为现代城市中建筑形式与机构功能高度匹配的特点，使得建筑的物质空间不仅仅是容纳了机构中的人和活动的容器，而且在很多时候就是机构的一部分，它本身就嵌入在机构的运行中。就像托马斯·马库斯所认为的那样，建筑是一种"社会物品"（social object），其中包含着各种意义的社会关系，可以被作为一种机构来看待[14]。于是对于权力而言，物质空间也就成了权力执行的一种有力手段。

8.3.1 现代监狱：文明的惩罚

关于这一点，在现代社会的讨论中有过一个非常著名的例子：监狱。作为一种建筑类型，监狱是人类社会发展到一定阶段出现的产物。在早期原始社会，社会结构比较简单，生产力也比较低下，人与人之间的冲突往往通过习俗方式就可以解决。随着私有制的产生、阶级的出现、国家的形成，国家需要执行刑罚权这一国家权力，监狱这种社会机构与相应的建筑类型才随之出现。不过，在奴隶社会和封建社会时期，死刑和各种针对肉体的刑罚非常普遍，关于肢解、凌迟、火刑等种种酷刑的记录在历史上屡见不鲜。在奴隶社会，刑罚的目的带有很强的报复色彩，《汉谟拉比法典》中"以眼还眼，以牙还牙"的条款就是很好的例证。到了封建社会，刑罚又增加了更多的威慑目的，"以杀去杀，以刑去刑 ①"。为了威慑人们不再犯罪，执行严酷的刑罚（很多时候是公开执行）有助于让人们产生恐惧心理，来维护统治的秩序。在这种背景下，监狱的功能更多的是作为一个拘禁尚未执行刑罚的罪犯的场所，拘禁本身并不是刑罚的主要目的，因而对于监狱这种建筑类型也就鲜有讨论。16 世纪开始，自由刑 ② 和教育刑开始产生，并在 17、18 世纪后在欧洲普及开来。相应地，监狱也逐渐变成了一个教化规训的场所。较早的这类监狱的记录包括 1555 年英格兰国王爱德华六世的教养院，用于对流浪汉、乞丐、妓女、小偷进行劳动技能培训；以及 1595 年荷兰阿姆斯特丹的监狱，让男犯做苦役、女犯做纺织，培训罪犯适应社会的正常生活 [15]。到了 17 世纪早期，英国已经设立了大约 170 所的矫正院，通过强迫被关押人劳动来养成他们良好的习惯 [16]。18 世纪的意大利刑法学家贝卡里亚在《论犯罪与刑罚》一书中就提出了这样的主张，认为预防犯罪应当优于惩罚犯罪，其最可靠的手段就是教育 [17]。

监狱真正的现代化是从 18 世纪晚期的英国开始的。美国独立战争之后，监禁刑在刑罚中的比率由于流放地的减少而大幅增加，再加上战后的经济萧条导致犯罪率上升，既有监狱的诸多问题集中地爆发了出来，例如卫生状况不良而引发传染病蔓延，犯人越狱和暴动频发，犯人生活条件进一步下降等。面对这样的状况，一系列关于监狱的讨论和实践得到了开展，其中最为代表性的事件就是约翰·霍华德（John Howard）等人的改革。1779 年，他主导起草了《感化院法案》（Penitentiary Act），让犯人白天集体劳动，不劳动的时候单独居住，并加以宗教与道德的引导，注重监狱的纪律、清洁和医疗辅助，使监狱成为既进行劳动生产，也进行悔过反省的场所。虽然霍华德本人没有成功地建造起感化院，但是各个地方有不少治安官在这个时期开展了这类建筑的修建活动 [18]。

这一时期，功利主义哲学家杰瑞米·边沁（Jeremy Bentham）在 1787 年提出了一个"全景敞视监狱"（panopticon）的空间模型，他认为这个模型是现代监狱最理想的布局形式 [19]。全景敞视监狱又被称为圆形监狱，它的中心是一座瞭望塔，监狱看守可以在里面看到四周的情况，围绕瞭望塔的是一圈环形的建筑，被分为许多个小的囚室，把犯人分开关押。每个囚室都有两个窗户，一个对着中心的瞭望塔，另一个对着外面，使光线从囚室的一侧照到另一侧。由于看守在暗处，不容易被看见，犯人在明处，容易被看见，而且相互之间也无法沟通；这样一来，

---

① 语出《商君书·画策》："以杀去杀，虽杀可也，以刑去刑，虽重刑可也。"
② 即以剥夺人身自由为形式的刑罚。

犯人就无从知道自己是否正在被看守监视，而只能无时无刻不约束自己（图 8-11、图 8-12）。为了加强这种效果，边沁还有很多细节的设想，比如在瞭望塔周围装上百叶窗，这样犯人就连看守的影子也无法看到了；比如在大厅里设置曲折的通道，这样就不会因为开门的声响或光影而暴露看守者的存在，等等。边沁认为，这是一个伟大的发明，因为从功利主义的思想来看，这样的监狱建筑可以非常高效地管理大规模的人群，只需要少数几个看守就可以监视众多犯人，甚至当瞭望塔里的人不是看守，乃至里面根本没有人的时候，犯人也会认为自己正在被监视。这样一来，这个方案就通过物质空间的设计形成了一种视线上的不对称，进而形成一种看守和犯人之间的权力关系。而且，这种监视效果即使没有看守也可以自动运行下去，迫使犯人把监视内化并一直持续下去，成为压制自己的本原。可以说，全景敞视监狱是一个永动的管理机器，是建筑几乎等于机构本身、有效执行权力的例子。

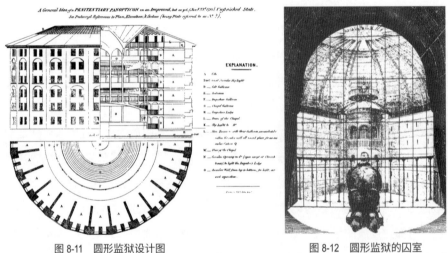

图 8-11　圆形监狱设计图　　　　　　　　　图 8-12　圆形监狱的囚室

8.3.2　全景敞视主义

不过，边沁心目中的伟大设计，在 20 世纪的思想家福柯笔下却遭到了批判 [20]。在其代表作《惩罚与规训》一书中，福柯用整整一章的笔墨专门讨论了全景敞视主义。他认为，全景敞视的空间模型里包含着一种"不对称、不平衡和差异的机制"，让权力变得"自动化和非个性化"，它"不再体现在某个人身上，而是体现在对于肉体、表面、光线、目光的某种统一分配上，体现在一种安排上。这种安排的内在机制能够产生制约每个人的关系"，这是一种"虚构的关系"，却产生了一种"真实的征服"。这一空间模型作为一种自动执行权力的机器，不仅仅可以被用在监狱里监视犯人，也可以被用在更多的机构类型上，达到类似的目的。比如，它可以用在工厂里监视工人，防止他们心不在焉而降低工作效率和质量、引起事故，或者串通盗窃；它可以用在学校里监控学生，防止他们喧闹闲聊、荒废时间，或者抄袭作弊；它可以用在医院或者疯人院，观察每个人的病症，防止病人相互传染，疯者相互施暴。总之，它可以消除人群聚集在一起的集体效应，把个体隔离开来，对他们实施有效的监视，当然也可以在此基础上对每个个体进行评价，例如评价工人的能力和学生的表现等，进而实施相应的奖惩措施。除了监视之外，全景敞视空间还可以被用作"实验室"，作为任何一种进行试验、改造行为、规训人的机构。比如，可以试验对于犯人的不同惩罚方法，观察哪种最有效；可以教授工人不同的技术，确定哪个方案更好；可以进行隔离教学试验，观察少年儿童的成长；可以用来在病人身上试验不同的药品，观察其效果……总之，是一个对人进行试验，并分析如何改造人的优越场所。福柯把这种空间模型与 17 世纪路易十四时期的法国建筑师勒沃设计的凡尔赛皇家动物园联系在一起（图8-13），后者的中心设有一个八角亭，里面是国王的沙龙，除了入口之外，亭子的其余七面都开着大窗户、对着七个关着动物的铁笼。边沁的空间模型和凡尔赛动物园是十分相似的，只不过人代替了动物，匿名的权力代替了国王。

全景敞视空间的一个精妙或者可怕之处在于，它是一种纯物理性的手段，可以独立于，也可以应用于任何具体用途。它减少了行使权力的人数，增加了受权力支配的人数，可以在任何时候自动地施加干预，无论过错是否发生。这种特征使得权力变得更加"轻巧"和"经济"，从而可以很方便地传播，以多样化的形式在整个社会里扩散，变成一种无所不在、时刻警醒、毫无时空中断的机制网络。事实上，在福柯看来，规训机制在 17 和 18 世纪已经逐渐扩散，所谓的"规训社会"已经形成了。规训体制覆盖了越来越大的社会表面，从原来的"孤岛"模式变成了"群岛"模式。这种扩散，实际上反映了更深刻的社会进程，包括纪律的

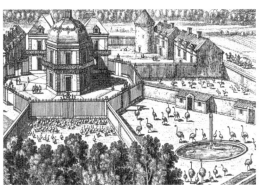

图 8-13　凡尔赛的皇家动物园（The Royal Menageries）

功能从消除负面效果转向强化对每个人的积极利用（例如督促工厂生产、知识传授、技能传播和军队战斗力），规训机制从封闭的机构内扩散到周围的边缘地带（例如学校也可以监督家长和家庭情况，医院也可以搜集社区中的卫生状况信息），以及国家对规训机制的控制（集中体现在警察机关及其运作）。"规训"作为一种权力类型，包括了一系列的手段、技术、程序、层次和目标，成为一种"权力'物理学'"或者"权力'解剖学'"，被各种机构和体制接受并加以使用，让权力关系细致入微地渗透到社会的每个毛孔，把整个社会都置入了全景敞视主义之中。在《惩罚与规训》一书的结尾，福柯评论到，高墙、空间、机构、规章、话语，已经让现代城市变成了"监狱之城"，用一系列的技术来制造除受规训的个体。这种对于人性的规训，应当值得现代社会的研究者们警醒。

8.4　城市形态塑造：权力的彰显

如福柯所说，全景敞视机制覆盖了诸多的现代社会机构，一些细微之处对权力关系的执行甚至已经让人难以察觉。同样无所不在的还有通过建成环境的塑造对权力的彰显，这些物质空间有的有具体的功用，有的或许并不执行某种具体权力，只是告诉人们权力的存在。很多情况下，城市形态或多或少都作为一种权力景观而存在，尤其是在具有重要政治地位的城市中，大量的城市开发与公共建筑的建设活动都是在权力的操控下实现的。

8.4.1　巴洛克规划与城市美化运动

这种城市景观和权力之间的联系，在城市美化运动（City Beautiful Movement）中有着集中的体现。这场城市改造运动开始于19世纪晚期的美国，其渊源可以追寻到巴洛克时期的欧洲，其后续的影响则延伸到了西方国家的殖民与后殖民城市。

城市美化运动的原型，来自巴洛克时期的欧洲，例如16世纪教皇希克斯图斯五世对于罗马的城市改造工程，以及 17 世纪路易十四在凡尔赛的建设等。它们的共同特征都是在城市上叠加一套自我完形的几何空间体系，改写既有的城市格局，把城市"雕刻"出强烈的纪念性来，体现了中央集权制专职统治或者寡头统治的社会背景。在芒福德笔下，巴洛克时期的城市建设与武断专横的权力和纸醉金迷的享乐是分不开的，尤其是许多都城或者是贵族的城市，实际上是一个炫耀统治的表演场所，而平民的建成环境则往往被推土机按照线条死板的设计图毫不犹豫地推倒清除[11]403-426。在这条脉络中，19 世纪奥斯曼男爵对于巴黎的大规模改造可以说是最著名的案例之一。奥斯曼于 1853 年出任塞纳省省长，在其任职期间，他基于拿破仑三世的提议，为适应工业革命及其所带来的一系列经济、社会、文化方面的需求而进行了巴黎的城市改造工程（图 8-14、图 8-15），对巴黎内城区中心地带的贫民窟进行了大规模的清理。改造之后，原来的很多老城区被精心规划建设的林荫大道、市场、公园、文化中心和桥梁所替代。作为一座历史悠久的城市，改造之前的巴黎遍布着狭窄阴暗的街道，而奥斯曼把它变成了一个林荫大道交织、市政建筑散布的地方。尽管这场改造对当时巴黎城市中的交通、卫生、社会和谐等方面的问题作出了回应，改善了市民的生活条件，但同时也有一个重要的目标，就是指向秩序的维护和权力的实现。比如，林荫大道的直接效用就是可以快速地集结和运送军队，防止法国大革命中那样的民众动乱再次发生。因此，这场城市改造活动遭到了许多学者的批判。亨利·列斐伏尔就曾尖锐地批评："如果说奥斯曼开辟了林荫大道，如果说他规划了那些大广场，那并不是为了取得优美的街景透视效果，而是为了'用机关枪扫射巴黎'（本杰明·佩雷），男爵对此毫不隐瞒[21]。"实际上，奥斯曼开辟的林荫大道在之后的历史中也被反复作为彰显权力的象征性场所。拿破仑皇帝执政期间，林荫大道是举行阅兵式、象征性地展示皇帝无上权威的场所。第二次世界大战期间德国人入侵巴黎后，在香榭丽舍大街上搞了一次阅兵，以象征性地宣称这座城市已经臣服于第三帝国。后来巴黎解放之后，戴高乐将军又率领军队在这条大道进行了胜利游行（图 8-16），游行的新闻画面在各类媒体上被不断地放映，来昭示权力的回归。芒福德曾经这样论述城市美化运动和象征与军事之间的关系："军事交通是新城市规划的决定性因素……道路的规整划一，增强了直线加方块的士兵队列的美学效果；笔直的行进队列极大地展示了权威的力量，而军团这样推进也给人留下了无坚不摧、战无不胜的印象[22]。"

这种城市改造的模式在 19 世纪传到美国，迎合了这个国家在内战后对统一与秩序的需要、急于向世界展示实力和自豪的渴求，以及新兴资产阶级支持大规

图 8-14　19 世纪巴黎改造的景象（Boulevard Saint-Germain）

图 8-15　巴黎凯旋门周围的放射形道路

图 8-16　香榭丽舍大街上的"二战"胜利游行

模工程并从中获益的意愿；这些动机伴随着当时对欧洲文艺复兴的推崇，共同推动了城市美化运动的形成 [23]。这场运动的开端，是 1893 年的芝加哥哥伦比亚世博会，其巴洛克式的设计取得了巨大的成功，引发了更多真正的城市效仿其方式进行建设。例如，首都华盛顿就是第一个大规模遵循城市美化运动建设的城市（图 8-17），由詹姆斯·麦克米兰（James Mcmillan）领导的规划团队造访欧洲后，完成了新版本的规划方案。相比于之前由法国人皮埃尔·朗方（Pierre L'Enfant）设计的方案，麦克米兰的方案延续了其几何化的形式，并且通过古典风格的建筑以及景观的设置，更进一步强调了纪念性的中轴线。此后，始于 1909 年的芝加哥城市规划又提供了一个城市美化运动的典型案例（图 8-18、图 8-19），其设计师是立志"不做小规划"的丹尼尔·伯纳姆（Daniel Burnham）。基于此前在华盛顿、克利夫兰、旧金山等地的实践，他为芝加哥提出了一个极其宏大的构思。他计划把湖滨地区变成公园，有一条景观大道从其中穿过，国会大街成为新芝加哥的主轴线，并和从市政中心放射出来的大道相交。沿着国会大道是宽阔的公园带，其显要位置上设置着大型的公共建筑。在伯纳姆的设想中，这些地方都会用花木草地所装点，与古典风格的建筑一起形成高雅优美的城市景观，成为可以与奥斯曼巴黎改造相提并论的伟大工程 [24][25]。不过在芒福德看来，这些 20 世纪的建设活动的典型特征，例如放射状的星形规划、中心处各种方的或圆的广场、广场中的纪念性建筑物、周围笔直的街道和整齐的街区等，都是巴洛克权力集团的苟延残喘，是对权力而不是人性考虑的结果 [11]392-426。

　　西方国家除了在本国城市中进行改造建设以外，也把城市美化运动带到了海外的殖民和后殖民国家。相较于其在本国的实践，他们在海外的实践要更加强调权力的彰显，即通过城市形态的塑造来建立其权威形象的视觉冲击力 [24]。例如，在 1910—1935 年期间殖民统治的最后繁华中，英国主导完成了不少的城市建设工作。1911 年，乔治五世在加冕典礼上宣布，将英辖印度的首都将从加尔各答迁往德里，新城的建设就此展开，赫伯特·贝克（Herbert Baker）、埃德温·勒琴斯（Edwin Lutyens）成为主要的设计师，而前者的设计思想正是"民族主义与帝国主义，象征性和庆典性"。他们完成的最终规划依然是城市美化运动那种典型的几何式设计（图 8-20、图 8-21），主轴线贯穿东西，重要的节点都采用了放射状的平面，例如秘书处大楼和战争纪念碑都有 7 条放射状道路，铁路总站广场甚至有十余条。类似地，英国人在南非和东非的一些临时性首都城市中也制定了规划，这些规划都是出于对白人的考虑而设计的，其次是印度人，最后是非洲人，不同人群的居住区域及其相应的设施都有着巨大的差别。从形式上而言，这些规划都有着城市

图 8-17　华盛顿卫
星地图

图 8-18　1909 年的
芝加哥规划

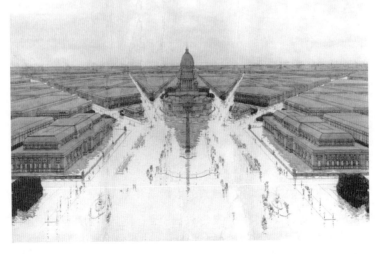

图 8-19　芝加哥市
民中心及周围的放
射状道路

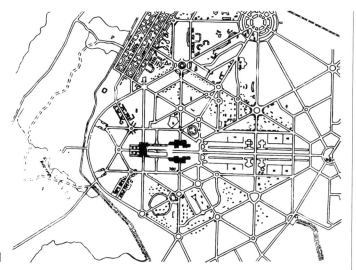

图 8-20　新德里规划图

图 8-21　新德里的城市
大道及标志物

美化运动的风格，它们都有一个中央政府办公区以及与之相邻的商业办公区和购物区，道路网是规则的几何形，交会于交通岛。白人的居住区围绕中心区域，非洲人的区域则被清晰地分隔开来。

概而言之，从巴洛克时期的城市规划到 19 世纪和 20 世纪的城市美化运动，其共同特征都是十分强调空间形式的纪念性，以几何形的街道、标志性的构筑物为主要方式，来构建城市空间结构和形象的主体。由于这套做法将形式放在首位，受到权力、资本的较大影响，使城市形态在很大程度上成为权威的象征，因而遭到了其后不少学者的批判。

8.4.2　独裁者的建筑

自巴洛克规划开始的这类城市建设活动的余波，又在 20 世纪回到了欧洲，受到了当时的独裁统治者们的青睐[25]。法西斯统治者墨索里尼就是个大兴土木之事的爱好者，在任期间，他推动了许多大型的公共项目，对意大利的诸多城市和乡村进行了建设，遵循的同样是方格网和中心广场的模式。尤其是对于古罗马，墨索里尼希望能够通过扩宽街道、强调广场等手段使它重现出古罗马帝国奥古斯都时代的荣光来。类似地，纳粹统治者希勒特也对建筑与城市颇为热衷，对维也纳、巴黎等地的城市美化建设有着详细的了解，甚至不止一次地考虑过成为一名建筑师。对于作为都城的柏林，他希望原有的中世纪的肌理让位于纪念性的庆典轴线、集会区域和宏伟的建筑，形成一个适宜游行和检阅的城市，以展示他统治之下的德国的政治、军事和经济实力。他邀请同样欣赏城市美化运动的建筑师阿尔伯特·施皮尔（Albert Speer）与他共同完成了一个极具纪念性的方案（图 8-22）。在方案里，城市中央有一条宏大的南北轴线，串联着诸多的广场和纪念碑。轴线上最中心的建筑是高度近 300 米的"人民大厅"（Volkshalle），以巨大的穹顶所覆盖，其另一端则是百余米高的凯旋门。另外，城市中还有一条东西向的轴线与之相交，这种十字形的布局可以追溯到古罗马时期的规划。

　　墨索里尼和希特勒的设想都没有最终完成，但是在他们主导的建设过程中都留下了一些标志性建筑，成为他们彰显权力之雄心的历史见证[26][27]。墨索里尼时期开始建设的罗马 EUR① 虽然因"二战"的爆发而未能完全建成就被空置，但是留下了一些"二战"前期的建筑，其中，意大利宫（Palazzo della Civiltà

图 8-22　施皮尔的柏林规划

① Esposizione Universale Roma，是原打算用来举办罗马世界博览会的一片区域。

Italiana）是最具代表性的（图 8-23）。这座建筑由建筑师乔瓦尼·古里尼（Giovanni Guerrini）、埃内斯托·布鲁诺·拉·普拉杜拉（Ernesto Bruno Lapadula）和马里奥·罗马诺（Mario Romano）设计，建于 1938—1943 年，又被称为"方形斗兽场"（Colosseo Quadrato）——因为其设计构思受到古罗马斗兽场的启发，并且墨索里尼也希望它能成为新罗马的地标。意大利宫位于一个小山丘顶上，从四周各个方向都能看到。建筑共有六层，立面上模仿斗兽场设置了层层重叠的柱廊，每排有九个拱门。建筑顶部刻着一行曾经在墨索里尼演讲中出现过的文字："一个拥有诗人、艺术家、英雄、圣人、思想家、科学家和航海家的民族。"建筑整体及其前方的一百多步台阶和 EUR 的其他建筑一样，都用石灰华大理石覆盖，以毫不近人的尺度感展示着威严和压迫感。与墨索里尼一样，希特勒也把建筑看作一项必不可少的政治宣传手段，也热衷于用建筑来巩固其权力，甚至有几位御用设计师专门为他服务，其中，阿尔伯特·施皮尔可以说是他最为青睐，也是合作最久的首席建筑师。1938 年，希特勒在经过了两年未公开的详细计划后[1]，正式宣布委托施皮尔在沃斯大街北侧改造他的新总理府（neue reichskanzlei），一改其之前过于谦逊的风格。新总理府中的主体部分是巨大的、空荡荡的封闭空间，许多高大的大厅和长长的柱廊几乎没有任何实质性功能（图 8-24），而实用性的办公空间却挤在后面、十分紧凑。如果有人初次来访，很容易会被柱廊引导着沿中轴线走下去，但最后却会走进死胡同，只能原路返回。1939 年，捷克斯洛伐克总统就是在这个空洞肃然、令人迷茫和压抑的建筑里签下了投降条约的。建筑的外立面被分为三段，中部是用柱廊装点的凹进的入口，对称的两翼用古典的线条装饰，从恢宏华丽的外立面上完全看不出建筑内部的进深其实非常有限。而且，外立面将实际有四层的地上部分处理成了三层，致使最低一排的窗户离地有 3 米多高，和巨大厚重的石头门廊一起增加了威压之感。此外，希特勒还亲自授意设计了一个接见平台，这样他可以在平台上接受民众们狂热的膜拜，但又不必与他们近距离接触。

　　总之，独裁者们的建筑普遍存在着与巴洛克规划中类似的特点，即形式要远远重于使用功能，极少体现出对人性的考虑。或者说，这些建筑最重要的功能就是作为政治宣传品而存在，是彰显统治权力、实现意识形态传播的手段。建筑，是他们国家权力的体现和实力的重要象征，是用来威慑本国的民众和其他国家的有力武器。

---

① 新总理府的改建计划只有在德国吞并了奥地利以后才可以名正言顺地公布，因此在时机成熟之前，希特勒并未公布这项计划。而且，1938 年宣布重建，1939 年就建造完成，也可以显出德意志民族更为先进的技术和管理。

图 8-23　EUR 意大利宫

图 8-24　柏林新总理府大厅

参考文献

[1] 马克思 . 路易 · 波拿巴的雾月十八日 [M]. 中共中央马克思恩格斯列宁斯大林著作编译局，
    译 . 北京：人民出版社，2001：104-105.
[2] 尚书 [M]. 曾运乾，注，黄曙辉，校点 . 上海：上海古籍出版社，2015：173.
[3] 卢梭 . 社会契约论 [M]. 张灿金，曹顺发，译 . 北京：中国法制出版社，2016.
[4] 班固 . 白虎通德论 [M]. 上海：上海古籍出版社，1990：第一卷，六 .
[5] 卜宪群 . 中国通史 · 明清 [M]. 北京：华夏出版社，2016.
[6] 王南 . 古都北京 [M]. 北京：清华大学出版社，2012：41-54.
[7] 姚安 . 清代北京祭坛建筑与祭祀研究 [D]. 北京：中央民族大学，2005：48-51.
[8] 朱剑飞 . 形式与政治：建筑研究的一种方法 [M]. 上海：同济大学出版社，2018：35.

[9] RAPHAEL SEALEY. A History of the Greek City States：700-338 B. C.[M]. Berkeley：University of California Press，1976.

[10] 任寅虎，张振宝 . 古代雅典民主政治 [M]. 北京：商务印书馆，1983.

[11] 刘易斯·芒福德 . 城市发展史——起源、演变和前景 [M]. 宋俊岭，倪文彦，译 . 北京：中国建筑工业出版社，2004.

[12] J W 罗伯兹 . 苏格拉底之城：古典时代的雅典 [M]. 陈恒，任荣，李月，译 . 上海：格致出版社，上海人民出版社，2014：12-16.

[13] 解光云 . 古典时期的雅典城市研究：作为城邦中心的雅典城市 [M]. 北京：中国社会科学出版社，2016：109-127.

[14] THOMAS MARKUS. Buildings and Power：Freedom and Control in the Origin of Modern Building Types[M]. London：Routledge，1993.

[15] 王志亮 . 刑罚学研究 [M]. 上海：上海政法大学出版社，2012：55-92.

[16] 李贵方 . 自由刑比较研究 [M]. 长春：吉林人民出版社，1992：14.

[17] 贝卡里亚 . 论犯罪与刑罚 [M]. 黄风，译 . 北京：中国法制出版社，2005.

[18] 郝方昉 . 刑罚现代化研究 [M]. 北京：中国政法大学出版社，2011：9-50.

[19] JEREMY BENTHAM. Panopticon，Or the Inspection House[M]. London：T. Payne，1791.

[20] MICHEL FOUCAULT. Discipline and Punish：The Birth of the Prison[M]. Alan Sheridan translated. New York：Vintage Books，1995：195-230，293-308.

[21] 弗朗索瓦兹·邵艾，邹欢 . 奥斯曼与巴黎大改造 [J]. 城市与区域规划研究，2017（1）：192-213.

[22] LEWIS MUMFORD. The Culture of Cities[M]. New York：Harcourt Brace，1958：96.

[23] 俞孔坚，吉庆萍 . 国际"城市美化运动"之于中国的教训（上）——渊源、内涵与蔓延 [J]. 中国园林，2000（1）：27-33.

[24] WILLIAM WILSON. The City Beautiful Movement[M]. Baltimore：The Johns Hopkins University Press，1989.

[25] PETER HALL. Cities of Tomorrow：An Intellectual History of Urban Planning and Design Since 1880. Hoboken：Wiley-Blackwell，2014：202-236.

[26] 迪耶·萨迪奇 . 权力与建筑 [M]. 王晓刚，张秀芳，译 . 重庆：重庆出版社，2007：13-74.

[27] Iain B. Whyte. 映在大理石上的德国故事(节译)——评德国建筑师施佩尔和他的建筑 [J]. 方元，译 . 建筑学报，1999（4）：9-13.

09

我们是谁？
遗产与身份认同

173

09

我
们
是
谁
？
遗
产
与
身
份
认
同

9.1 遗产保护：20 世纪的共识

今天，若有人问过往历史中所留下的建筑遗产是否需要保护，答案恐怕不会有太多的争议。20 世纪以来，一系列与遗产保护相关的国际组织相继成立，例如古迹博物馆协会（ICOM，1946 年成立于法国巴黎）、国际文物保护与修复研究中心（ICCROM，1959 年成立于意大利罗马）、国际古迹遗址理事会（ICOMOS，1965 年成立于波兰华沙）等等。在联合国教科文组织（UNESCO）及其下属的世界遗产委员会，以及诸多相关组织、团体与个人的倡导下，一系列的国际公约和宪章得以形成和公布，夯实了现代社会对于建筑遗产保护的诸多普遍性共识。1931 年，第一部关于古迹遗址保护的国际文件《关于历史性纪念物修复的雅典宪章》（The Athens Charter for the Restoration of Historic Monuments，下文简称《雅典宪章》）通过并发布，就有关历史纪念物的一般性原则、管理与立法措施、美学的增强、修复、衰败的处理、保护技术、国际合作等方面达成了共识[1]。1964 年，《关于纪念物与遗址保护和修复的国际宪章》（International Charter for the Conservation and Restoration of Monuments and Sites）发布。这一文件又称《威尼斯宪章》，其中就历史纪念物的定义、保护、修复，历史遗址及其挖掘，以及各类发表活动达成了共识，并且倡导："世代相传的历史纪念物充满着过去的信息，至今仍是其古老传统的鲜活见证。人们正越来越意识到人类价值的统一性并重视作为共同遗产的古代纪念物。为了未来的后代保护它们被认为是共同的责任。我们有责任在充分的真实性基础上将它们世代相传[2]。"1972 年，联合国教科文组织通过了《保护世界文化和自然遗产公约》（Convention Concerning the Protection of the World Cultural and Natural Heritage），指出文化与自然遗产"对全世界人民都很重要""需作为全人类世界遗产的一部分加以保护""整个国际社会有责任通过提供集体性援助来参与保护具有突出的普遍价值的文化和自然遗产"；而制定该公约的目的，就是"为集体保护具有突出的普遍价值的文化和自然遗产建立一个根据现代科学方法制定的永久性的有效制度"[3]。如果说《雅典宪章》与《威尼斯宪章》仍然以欧洲为主要的讨论和实践范围，《保护世界文化和自然遗产公约》真正把遗产保护推向了全球的普遍共识。此后，各个大洲的各个国家及各专业领域又进一步展开了讨论，形成了更适合各自具体情况的遗产保护的共识（表 9-1)，也大大推动了相关的保护实践。

表 9-1 关于遗产保护的重要国际文件

名称	组织	时间
《关于历史性纪念物修复的雅典宪章》 The Athens Charter for the Restoration of Historic Monuments	国家博物馆办公室 International Museums Office	1931-10
《雅典宪章》 The Athens Charter	国际现代建筑协会 CIAM	1933-08
《武装冲突情况下保护文化财产公约》(《海牙公约》) Convention for the Protection of Cultural Property in the Event of Armed Conflict(Hague Convention)	联合国教科文组织 UNESCO	1954-05
《关于适用于考古发掘的国际原则的建议》 Recommendation on International Principles Applicable to Archaeological Excavations	联合国教科文组织 UNESCO	1956-12
《关于保护景观和遗址的风貌与特性的建议》 Recommendation on the Safeguarding of the Beauty and Character of Landscapes and Sites	联合国教科文组织 UNESCO	1962-12
《关于纪念物与遗址保护和修复的国际宪章》 (《威尼斯宪章》) International Charter for the Conservation and Restoration of Monuments and Sites(The Venice Charter)	第二届建历史纪念物筑师与技师国际会议 2nd International Congress of Architects and Technicians of Historic Monuments (1965 年 ICOMOS 收入)	1964-05
《关于保护受公共或私人工程危害的文化财产的建议》 Recommendation concerning the Preservation of Cultural Property Endangered by Public or Private Works	联合国教科文组织 UNESCO	1968-11
《关于禁止和防止非法进出口文化财产和非法转让其所有权的方法的公约》 Convention on the Means of Prohibiting and Preventing the Illicit Import, Export and Transfer of Ownership of Cultural Property	联合国教科文组织 UNESCO	1970-11
《保护世界文化和自然遗产公约》 Convention Concerning the Protection of the World Cultural and Natural Heritage	联合国教科文组织 UNESCO	1972-11
《关于在国家一级保护文化和自然遗产的建议》 Recommendation concerning the Protection, at National Level, of the Cultural and Natural Heritage	联合国教科文组织 UNESCO	1972-11
《关于历史性小城镇保护的国际研讨会的决议》 Resolutions of the International Symposium on the Conservation of Smaller Historic Towns	国际古迹遗址理事会 ICOMOS	1975-05

175

09

我
们
是
谁
？
遗
产
与
身
份
认
同

续表

名称	组织	时间
《关于历史地区的保护及其当代作用的建议》（《内罗毕建议》） Recommendation Concerning the Safeguarding and Contemporary Role of Historic Areas（Nairobi Recommendation）	联合国教科文组织 UNESCO	1976-11
《实施〈世界遗产公约〉操作指南》 Operational Guidelines for the Implementation of the World Heritage Convention	联合国教科文组织 UNESCO	1977-10
《马丘比丘宪章》 The Charter of Machu Picchu	—	1977-12
《国际古迹遗址理事会章程》 ICOMOS Statutes	国际古迹遗址理事会 ICOMOS	1978-05
《关于保护可移动文化财产的建议》 Recommendation for the Protection of Movable Cultural Property	联合国教科文组织 UNESCO	1978-11
《巴拉宪章》 The Burra Charter	国际古迹遗址理事会澳大利亚国家委员会 Australia ICOMOS	1979-08
《佛罗伦萨宪章》 Florence Charter	国际古迹遗址理事会国际历史园林委员会 ICOMOS-IFLA International Committee for Historic Gardens	1982-12
《保护历史城镇与城区宪章》（《华盛顿宪章》） Charter for Conservation of Historic Towns and Urban Areas（Washington Charter）	国际古迹遗址理事会 ICOMOS	1987-10
《保护传统文化和民俗的建议》 Recommendation on the Safeguarding of Traditional Culture and Folklore	联合国教科文组织 UNESCO	1989-11
《考古遗产保护与管理宪章》 Charter for the Protection and Management of the Archaeological Heritage	国际古迹遗址理事会 ICOMOS	1990-10
《奈良真实性文件》 The Nara Document on Authenticity	奈良会议 Nara Conference	1994-11
《关于被盗或非法出口文物公约》 Convention on Stolen or Illegally Exported Cultural Objects	国际统一私法协会 UNIDROIT	1995-06
《新都市主义宪章》 The Charter of the New Urbanism	新都市主义协会 CNU	1996

续表

名称	组织	时间
《保护和发展历史城市国际合作苏州宣言》 Suzhou Declaration on International Cooperation for the Safeguarding and Development of Historic Cities	中国 - 欧洲历史城市市长会议 International Conference for Mayors of Historic Cities in China and the European Union	1998-04
《北京宪章》 Beijing Charter	国际古迹遗址理事会 ICOMOS	1999-06
《关于乡土建筑遗产的宪章》 Charter on the Built Vernacular Heritage	国际古迹遗址理事会 ICOMOS	1999-10
《国际文化旅游宪章》 International Cultural Tourism Charter	国际古迹遗址理事会 ICOMOS	1999-10
《木结构遗产保护准则》 Principles for the Preservation of Historic Timber Structures	国际古迹遗址理事会 ICOMOS	1999-10
《北京共识》 The Beijing Consensus	中国文化遗产保护与城市发展国 际会议 International Conference on "Cultural Heritage Management and Urban Development: Challenge and Opportunity	2000-07
《中国文物古迹保护准则》 Principles for the Conservation of Heritage Sites in China	国际古迹遗址理事会 中国国家委员会 ICOMOS CHINA	2000-10
《保护水下文化遗产公约》 Convention on the Protection of Underwater Cultural Heritage	联合国教科文组织 UNESCO	2001-11
《世界文化多样性宣言》 Universal Declaration on Cultural Diversity	联合国教科文组织 UNESCO	2001-11
《关于世界遗产的布达佩斯宣言》 Budapest Declaration on World Heritage	联合国教科文组织 UNESCO	2002-06
《保护非物质文化遗产公约》 The Convention for the Safeguarding of the Intangible Cultural Heritage	联合国教科文组织 UNESCO	2003-10
《关于蓄意破坏文化遗产问题的宣言》 UNESCO Declaration Concerning the Intentional Destruction of Cultural Heritage	联合国教科文组织 UNESCO	2003-10
《建筑遗产分析、保护和结构修复原则》 Principles for the Analysis, Conservation and Structural Restoration of Architectural Heritage	国际古迹遗址理事会 ICOMOS	2003-10

177

09

我
们
是
谁
？
遗
产
与
身
份
认
同

续表

名称	组织	时间
《壁画保护、修复和保存原则》 Principles for the Preservation and Conservation/ Restoration of Wall Paintings	国际古迹遗址理事会 ICOMOS	2003-10
《关于工业遗产的下塔吉尔宪章》 The Nizhny Tagil Charter for the Industrial Heritage	国际工业遗产保护联合会 TICCIH	2003-07
《维也纳保护具有历史意义的城市景观备忘录》 VIENNA MEMORANDUM on "World Heritage and Contemporary Architecture –Managing the Historic Urban Landscape"	"世界遗产与当代建筑——管理 历史城市景观"会议 Conference "World Heritage and Contemporary Architecture — Managing the Historic Urban Landscape"	2005-05
《保护具有历史意义的城市景观宣言》 Declaration on the Protection of Historic Urban Landscapes	联合国教科文组织 UNESCO	2005-10
《国际文物保护与修复研究中心章程》 Statutes of ICCROM	国际文物保护与修复研究中心 ICCROM	2005-11
《会安草案——亚洲最佳保护范例》 Hoi An Protocols for Best Conservation Practice in Asia	联合国教科文组织 UNESCO	2005-12
《西安宣言》 Xi'an Declaration	国际古迹遗址理事会 ICOMOS	2005-11
《绍兴宣言》 Shaoxing Declaration	第二届文化遗产保护与可持续发 展国际会议	2006-05
《北京文件》 Beijing Document	东亚地区文物建筑保护理念与实 践国际研讨会 International Forum on Concept and Practice on Preservation of Cultural Relics in East Asia	2007-05
《城市文化北京宣言》 Beijing Declaration Concerning Urban Culture	城市文化国际研讨会 International Conference on Urban Culture	2007-06

来源：参考国家文物局.国际文化遗产保护文件选编[M].北京：文物出版社，2007.

　　不过，现代社会的建筑遗产保护从发端以来，其理念、方法在不同的历史时期之中一直是在不断地变化发展的。在这个演进的动态过程之中，不同历史时期的人们对于"保护什么""因何保护""如何保护""为谁保护"等一系列问题有着不同的看法；而且，这些看法的形成一直都受到一个核心问题的影响——对于"我们是谁"的认知。现代社会建筑遗产保护的理论和实践，一直都与人们的身份认同密切相关，这种关系就是本章试图讨论的内容。

9.2 因何保护："我们"的现代性

9.2.1 早期的"遗产"观

遗产保护作为一门专门的学科，是随着启蒙运动的发展、现代社会的到来而逐渐形成的。不过在前现代社会漫长的历史中，人们同样对包括建筑物在内的历史遗存给予了关注和思考。对于这类行为的记载，可以追溯到《圣经》中的一些内容，其中有一个希伯来语词汇"bedeqbabayit"，意思是房子的修理，被专门用于论述耶路撒冷重建后那座宏伟的圣殿 [4]13。这座圣殿由所罗门王（King Solomon）所建造，并且在约阿斯王（King Jehoash）和约西亚王（King Josaiah）时期都有过修缮和维护。如果这些事件是真实发生的，那么也就是说人们修缮历史建筑的行为至少可以追溯到公元前 9 世纪了 ①。此外，《以赛亚书》中也描述过人们对于人居环境的维护："他们必修造已久的荒场，建立先前凄凉之处，重建历代荒凉之城 [5]。"

在信史的记载中，那些具有重要的历史地位、政治价值或者文化意义的纪念性建筑，也在各个历史时期得到了人们的重视和维护。这一观念，在"纪念物"一词的语源追溯上就可以窥见一二。在希腊语中，"monument"一词来源于"mneme"一词，是与记忆有关的；而拉丁语中对应"memorial"的"monumentum"一词则来源于"moneo"，与政治和道德之教化有关，旨在提示和彰显统治者的权力 [4]5-6。在波斯帝国，阿契美尼德王朝时期四位皇帝的陵墓（Naqsh-e Rostam）得到了后世的尊崇（图 9-1），居鲁士大帝（Cyrus）的陵墓被东征波斯的亚历山大大帝（Alexander the Great）发现之后，也得到了修缮（图 9-2）。在古罗马帝国，哈德良皇帝（Hadrian）在公元 2 世纪重建罗马万神庙（Pantheon）的时候，在建筑前的碑刻上并未称颂自己的丰功伟绩，而是写上了始建者"马库斯·阿格里帕"的名字 ②，让这座建筑看起来似乎还是百余年前其始建者建造的样子（图 9-3）。在他之后，尤里安（Julian the Apostate）、瓦伦丁尼安（Valentinian）、瓦伦斯（Valens）

---

① 所罗门、约阿斯、约西亚都是古代以色列的君主，所罗门生活于公元前 1010 年—前 931 年，约阿斯生活于公元前 839 年—前 798 年，约西亚生活于公元前 639 年—前 609 年。

② 碑刻上写的是："马库斯·阿格里帕，卢修斯之子，第三任执政官修建了它。"

179

09
我
们
是
谁
？
遗
产
与
身
份
认
同

等多任古罗马皇帝都进行了对公共性历史建筑的维护工作，还曾经设立过专门负责照看古迹的职位。公元 458 年，利奥一世（LeoI）和马约里安（Majorian）皇帝下达了一条命令，要求保护罗马的纪念性建筑："所有先人建造的寺庙和其他纪念性建筑，以及那些为公共用途和意志所造的建筑，都不允许被任何人破坏。一个宣布破坏这些建筑的法官将会被罚以 50 磅黄金；如果他这样命令时，他的执政官和会计师们都服从于他，没有以任何形式的建议来反抗他，他们都会因此失去他们的手而成为残废，这是因为本该得到保护的古代纪念性建筑被亵渎了 [6]。"维特鲁威也提倡建筑师们应当"了解大量的历史知识"，这样才能明白历史建筑中的教化和纪念意义 [7]。在中世纪的欧洲，建筑行业中不可丢弃已经制作好的建筑构件这一行规，使得建筑物保持了形式风格上较好的延续性。中世纪的许多教堂，其修建过程往往跨越数十年乃至上百年，时代盛行的技艺和风格都难免有所变化，但是在诸多例子中都可以看到其艺术风格上的整体性。而在伊斯兰世界，自哈里发统治早期所建立的宗教公产（waqf）制度①，让清真寺、学校、陵园、浴室等许多公共建筑及其土地无法被侵占或挪用，也在很大程度上让重要的建筑以及其所参与构成的城市肌理得以长久的延续（图 9-4）。这种对于古迹的尊崇态度，在文艺复兴时期得到了极大的推动。文艺复兴运动的核心思想，就是要推翻中世纪神权至上的黑暗生活，倡导人文主义的回归，而对古希腊、古罗马文化形式的复兴则成为实现这一目的的具体途径。于是，古典时代的一切、包括诸多的古迹遗址在内，便获得了重要的政治意义，成为时代雄心的寄托。文艺复兴时期的建筑师和艺术家们，争相前往古典时代的遗址探访，学习历史、艺术、技术的各方面知识，分析和考证古典建筑的设计法则，并将其运用到当时的建筑创作之上。

图 9-1　阿契美尼德王朝的皇帝陵墓 Naqsh-e Rostam

---

① 凡被列为宗教公产的建筑及其土地，产权属于原主，但收益归于公用，可以免除赋税，但是不得转让、抵押和买卖。一旦主人将资产投入成为宗教公产，就永远不能反悔，其家人后人也不得反悔。

图 9-2　居鲁士
大帝陵墓

图 9-3　18 世纪
的罗马万神庙

图 9-4　伊朗梅
博德（Meybod）
古城

181

09
我
们
是
谁
？
遗
产
与
身
份
认
同

　　不过在古代世界中，使用价值和美学价值是建筑物最重要的两个意义，因此对于历史建筑的修缮维护，大多也是出于对这两个方面的考虑。例如在公元前 1 世纪，古希腊雅典卫城的伊瑞克提翁神庙（Erechtheum）曾经因为大火受损，在这座建筑的修缮重建工程中，建筑的不少部分都被拆除并依照原样重建，新的柱子也保留了原来的建筑风格。工程的目的不仅仅是让建筑物本身不要倾颓，也是在修复一处具有很高艺术价值的古迹，这种对建筑风格尽可能的延续，主要是出于美学上的考虑。东罗马帝国的皇帝查士丁尼（Justinian）在公元 6 世纪对于历史建筑的修复，在同时代的历史学家普罗柯比乌斯（Procopius）的记载中，其目的也是提高建筑物的功能，并使其外观具有美感 [4]4-6。但有的时候，重视建筑使用价值和美学价值的观念也可能会导致历史建筑的破坏或者改变。在古罗马时期，把古迹遗址上的建筑构件拆下来用于新建筑中的行为屡见不鲜，在君士坦丁凯旋门、耶莱巴坦地下水宫等许多建筑上，都可以发现对更早时期的建筑构件再利用的痕迹。而在文艺复兴时期，按照当时人们的审美喜好而改造历史建筑的行为也十分常见，例如在 16 世纪，教皇尤利乌斯二世（Julius Ⅱ）主导修缮长久以来因地震、战争和年久失修而损毁严重的圣彼得教堂时，修缮之后的主教堂就与原来的圣彼得巴西利卡在形式上相去甚远（图 9-5、图 9-6），或者说根本就是一座全新的建筑，只是保留了旧建筑的一小部分而已。当时的工匠卡拉多索（Caradosso）制作了一枚纪念章，并把它埋在新教堂的奠基石下面（图 9-7），上面写的是"templi petri instauratio"，大意是要让这个建筑焕然一新、得到重生 [8]。这种态度，和我国许多历史建筑中的修缮碑文颇为相似。这些碑文里往往用自豪欣喜的语气，赞颂有一批善人和工匠出资出力，把倾颓的老房子修葺一新，并不会提及是否要刻意保留建筑原来的遗存。建筑物破败了，将其修缮得实用、美观，必要的时候还雄伟庄

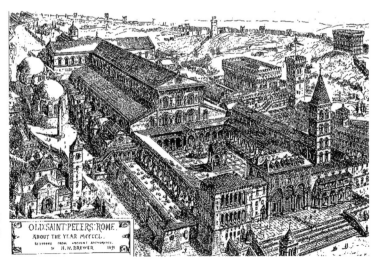

图 9-5　14/15 世纪的老圣彼得教堂

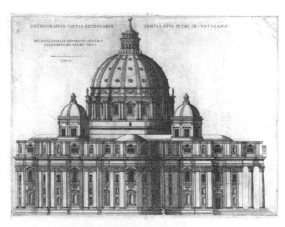

图 9-6　米开朗基罗设计的新圣彼得教堂

图 9-7　展现圣彼得教堂 1506 年面貌的纪念章

严，这就是极好的，至于如何处理与原有的物质遗存之间的关系，这似乎并不是最重要的事情。

9.2.2　现代历史观与遗产保护

可以看到，在前现代社会的大部分时候，人们虽然对于古迹遗址等历史遗存抱有尊崇的态度，但是对其的修缮大部分时候仍然是出于重新获得一座实用美观的建筑的目的，与今天对于建筑遗产的态度是十分不同的。古代和现代对于遗产的态度转变始于启蒙运动，在这场运动中，人们的历史观发生了巨大的变化，有别于"古人"的"今人"这一身份认同发生了前所未有的觉醒。

在前现代社会，人们更多地抱持着循环往复的时间观，似乎今时与往日并没有决然的不同，过去也会在未来的某一时刻重现。而自 17 世纪之后，社会生活方方面面所发生的各种剧烈的变化动摇了这种传统的时间观。就如格奥尔格·齐美尔（Georg Simmel）和华尔特·本雅明（Walter Benjamin）对现代生活所描述的那样，一切坚固的东西都烟消云散，不安和变动成为主题；查尔斯·波德莱尔（Charles Baudelaire）认为，这种强烈的、当下的时间意识正是现代性的重要特征，在现代社会，一切都是"短暂的、易逝的、偶然的"[9]。这种时代变化所导致的"今人"身份意识的觉醒，首先带来了部分思想者对于古代之尊崇的质疑；拥护古代与颂扬现代的争论，在 17 世纪的英国和法国可以说颇为尖锐。在罗宾·科林武德（Robin Collingwood）的论述中，启蒙运动早期的历史学家们是更看重今天而忽视过去的，伏尔泰（Voltaire）甚至公开宣称，15 世纪末之前的事件都不可能得到可靠的依据 [10]184。到了 18 世纪，现代从这场古今之争中胜出，线性发展的时间观得到了普遍确立。而由此导致的历史观的根本性改变，才真正地为现代遗产保护提供了关键的观念基础。此后人们对于遗产保护的态度，所形成的遗产保护的理念和原则，都是建立在这种历史观之上的，本章后文将进一步展开论述。

此外，18 世纪还有一项重大的变革，即工业革命的发生。大规模的技术革新让社会生活的变化愈加剧烈，面对快速远去而一不复返的历史，这个时代的人们产生了一种"同情""羡慕"的情绪 [10]140。例如，从卢梭对人性的论述中可以看到"同情"的情绪，他认为人性是普遍性的，并不是近代才发展起来的，因此理解文明世界的方式，也同样可以适用于不同的民族、不同的历史，这与启蒙运动早期对于过去的轻视态度已经不同了。而"羡慕"的情绪，则来自人们对于逝去历史中美好事物的怀念，这种怀念往往成为人们在面对动荡不安的现实之时的慰藉。于是，浪漫主义运动铺展开来，人们又一次把目光投向了时间维度上遥远的过去（以及空间维度上遥远的异邦风情和自然情调）；通过在当代的创作中使用历史的素材，人们试图为自己逃避来势汹汹的工业时代营造一个避难所。19 世纪英国、德国等地的教堂修复运动，以及法国国家文化遗产制度的建立，其背景中都带有这样的情绪。尤具代表性的一个例子就是著名的巴黎圣母院修复工程，维奥莱·勒·杜克（Viollet·le·Duc）尽了非常大的努力去搞清楚教堂在 12 世纪的样子，并且试图去恢复它（图 9-8、图 9-9），例如以 12 世纪的玫瑰窗为原型去修复窗户，根据十字交叉部位的尖塔痕迹建造了新的尖顶等 [4]200-203。在保护理论上，约翰·拉斯金（John Ruskin）和威廉·莫里斯（William Morris）成为这个时代最重要的两位学者。在《建筑的七盏明灯》一书中，拉斯金提到，人们之所以需要用认真严肃的态度看待建筑艺术，就是因为建筑是"'记忆'这种神圣作用的聚焦处与护持者"，没有建筑，人们可以求生存，可以做礼拜，但是却会失去记忆。这也是"记忆之灯"这一章节标题的来源。历史建筑的表达方式,表达了民族的情感,也关联着个体的记忆。不过更确切地说,拉斯金的这种关注在一定程度上针对的不是历史遗存,而是针对历史遗存的磨灭过程,这集中地体现在他对"如画风格"(picturesque style)的论述上:"建筑的'如画'之美,想来也就在于其'腐朽'。然而,即使建筑是以这种方式得到了'如画',这种'如画'性质也仅存在于裂痕、破洞、色斑,或者植被之上……当年岁完全烙印下其痕迹、当建筑原本真实的特质已经全部消逝不见,它便成为一座'如画'的建筑……[11]"这种认识也同样得到了莫里斯的拥护,在 1877 年 SPAB① 的成立宣言中,莫里斯提到,若问什么类型的艺术、风格或者建筑是值得保护的,答案就是"一切具有艺术的、如画的、历史的、古旧的或者有内涵的一切作品,总之,那些有学识、艺术感的人们认为应该保存的东西 ②" [12]。

图 9-8 维奥莱·勒·杜克
设计的巴黎圣母院(南立面)

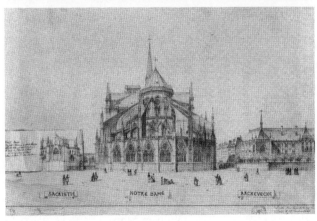

图 9-9 维奥莱·勒·杜克
设计的巴黎圣母院(东立面)

---

① Society for the Protection of Ancient Buildings.

② "anything which can be looked on as artistic, picturesque, historical, antique, or substantial: any work, in short, over which educated, artistic people would think it worth while to argue at all".

185

09
我
们
是
谁
？
遗
产
与
身
份
认
同

总之，不论是试图重现辉煌的历史还是静静欣赏其"无可奈何花落去"之态，现代性的到来所导致的历史观的转变，使得人们开始以"他者"的视角看待并重视过往历史的遗存，这正是现代遗产保护发端的一个重要原因。

9.2.3 现代民族国家与遗产保护

启蒙运动或者说现代性的到来所导致的另一个结果，是诸多现代民族国家的形成。在前现代社会，国家大多以王国、帝国的形式存在，通过王权统治和宗教神谕等方式形成统一的认同。国家的边界以王朝的统治范围而非族群的聚居区域来划定，一个贵族可以根据继承法则兼任不同国家的国王，一场婚姻的缔结或解散也可能大大改变两个国家的领土范围。然而随着现代性的到来，工业技术的发展动摇了自给自足、安土重迁的农业社会组织，流动性瓦解了等级秩序而促成了平均主义的出现；不断深化的社会分工推动了教育的普遍化和教育体制架构的扩大；王权与宗教这两个旧的文化体系不断衰微，印刷工业的发展促进了语言和知识的传播——这种种变化，共同导致了民族主义的出现，成就了民族这种现代社会"世俗的，水平的，横向的""想象的共同体"[13][14]。通过资产阶级革命和民族独立运动的开展，人们依靠"我们属于同一个民族（nation）"这样的想象建立起一个个国家，民族国家成为现代社会最主导的国家形式。而在民族国家建立和维系的过程中，建筑遗产成为建立其共同体想象的一个着力点，因为遗产意味着人们有共同的过往，从而导向人们属于同一个民族这样的结论。于是，民族国家就有了充分的动力，对遗产的意义进行不断地挖掘、解释、重构、利用，这使得遗产成为国家的文化和历史在物质形象上的重要载体，而遗产保护运动则成为建立民族国家身份认同的重要手段。譬如本书第 07 章曾经举过一个例子，在第一次世界大战结束后，战胜国举行了巴黎和会来商讨战后各国的领土划分，有的国家代表就提出过"因为我们还能在其余地方发现同样形式的房屋，所以这个民族国家的范围也应该扩展到那个地区"这样的说法[15]。尽管最后没有真的那么去划分国土，但是我们仍然可以看到，过往留存下来的建筑形式承载了人们对于族群和国家之共同体的想象，参与着"我们是谁、谁是我们"这样的身份认同的构建。

如此一来，以国家为主体、轰轰烈烈开展的遗产保护运动也就很容易理解了。法国将具有破除旧体制、建构新政权等政治意义或具有艺术、考古和历史等学术价值的贵族、教会的私产没收，变更为"国家遗产"；日本以"文化财"的名义，从 19 世纪末建立起了一套完善的遗产保护制度；美国则把国家公园作为遗产保护体系的核心，显示出了民族国家与遗产保护在边界上极高的重合度；而每年的世界遗产大会（图9-10），更是早已成为各个国家凝聚和加强民族认同的重要博弈[16]。当一个国家把遗产保护作为构建身份认同的有力抓手时，那么，像资本的投入、技术的发展、制度的建设这些必要的支撑条件也就会随之得到推动和促进了。

如果说现代历史观的建立所形成的是"我们"作为"今人"的身份认同，那么现代民族国家的建立所形成的则是"我们"作为一个"民族"的身份认同，两者都是推动现代社会建筑遗产保护十分重要的力量。

图9-10 2019年世界遗产大会

187

09
我
们
是
谁
？
遗
产
与
身
份
认
同

9.3　如何保护：“我们”的理性与尊重

9.3.1　真实性原则

在现代遗产保护的诸多原则之中，真实性（authenticity）原则可以说是最重要，也是最基础性的原则之一，它对于遗产保护的实践影响很大，也是许多衍生性原则的前提和基础。而这一原则背后的理念基础中，非常关键的一项就是历史观，即“我们”作为“今人”如何看待过去的“前人”所留下的遗存。

“Authentic”一词对应希腊语中的“authentikos”，意思是自己、相同，以及拉丁语中的“auctor”，意思是创作者（起源、权威），指的是原创的、独特的、真挚的、真实的和真诚的，与形式上的“同样的”不同，与复制、虚假、仿冒相对[4]408。“真实性”一词首先被用在遗产保护的语境之中是在《威尼斯宪章》里，其开篇即提到人们对于遗产“有责任在充分的真实性基础上将它们世代相传①[2]”。或许是认为这一概念理所当然，《威尼斯宪章》并未对真实性的定义进行专门的阐述；不过在该宪章的具体内容中，可以明确地看到其对于真实性的理解是建立在现代历史观之上的。该宪章第 11 条中提到：“各个时期对建筑纪念物的有效贡献必须得到尊重，因为风格的统一性不是修复的目的。当一座建筑物包括了不同时期的叠加工作时，对于底层状态的揭示只有在特殊的情况下才是合理的，即被去除的部分价值甚微，而被揭示出的材料具有重大的历史，考古或美学价值，并且其保存状态好到足以证明该操作是合理的。对于所涉及的要素的重要性的评估，以及关于可能毁坏的内容的决定，不能仅仅依靠负责工作的个人来作出。”同时又在第 12 条中提出，“缺失部分的替换必须与整体保持和谐，但同时须区别于原作，使得修复不会歪曲艺术或历史的见证”[2]。可见，《威尼斯宪章》并不是把遗产看作一个静止的对象，而是一个不断变化的动态过程，因此要认真对待其所承载的不同时期的丰富的历史信息。

这些观点，与意大利遗产保护学派的思想有着密切的渊源，而其最初的萌芽可以追溯到艺术史家约翰·温克尔曼（Johann Winckelmann），是他最先提出

---

① "It is our duty to hand them on in the full richness of their authenticity."

了在艺术品的修复中应当区分原初部分和修复部分，反对把修复当作一种艺术创作、主观地制作破损和遗失部分的做法。此后，意大利修复者巴托罗密欧·卡瓦切皮（Bartolomeo Cavaceppi）在温克尔曼思想的基础上进一步细化了修复实践的原则：（1）修复者要有丰富的历史艺术的知识才能去修复，如果对艺术品的理解还存在争议就暂时不要去修复；（2）新加的修复部分要使用与原来相同的材料；（3）修复的部分要按照原物的破损来进行调整。他认为，如果试图去纠正原作的不完美而不是去模仿，那么艺术品就变成修复者的作品了[17]34-35。这种理念在当时的建筑修复中得到了实践。例如19世纪初期进行的罗马斗兽场的修复工作中，修复者非常认真地测绘了遗址，然后在受损的部分后面修建了一段砖扶壁来防止进一步的形变，相当于增加了一个保护层，把古代遗存的细节——包括地震已经造成的断裂和破损都进行了保存，加建部分与原始部分是截然不同的（图9-11、图9-12）。这种做法，就衍生成为今天遗产保护中所倡导的"可识别性"原则。这条原则在《威尼斯宪章》《木结构遗产保护准则》《建筑遗产分析、保护和结构修复原则》以及我国的《中国文物古迹保护准则》中都有所体现。

图9-11　16世纪破败的罗马斗兽场

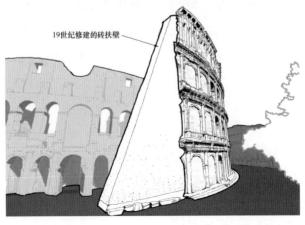

图9-12　罗马斗兽场19世纪初修复的部分

189

09
我
们
是
谁
？
遗
产
与
身
份
认
同

到 19 世纪，意大利出现了"语言文献式修复"的思想，认为古迹就如同文献，它上面的所有痕迹都是查证历史的重要来源，应该去分析和解读而不是去篡改。这与同时期法国那种试图把历史建筑修复到最初的"标准状态"的观念是截然不同的。这一思想被卡米洛·博伊托（Camillo Boito）所发扬光大，并促成了意大利的第一部现代古迹保护的宪章，其中明确地指出了建筑古迹的价值不仅在于建筑学方面，也是"阐释和图解形形色色的人们在漫长岁月中多样性历史各个时期的重要文献；因此，它们应该被作为珍贵的文献严谨、虔敬地予以尊重。对它的任何改动，无论多么细微，只要它形成对原状的部分改变，都将造成误导，最终引发错误的推断"[4]279-284。博伊托的理论被古斯塔沃·乔瓦诺尼（Gustavo Giovannoni）等学者补充和完善，形成了《雅典宪章》《威尼斯宪章》的理论基础。

世界文化遗产的工作开始之后，真实性在《实施〈世界遗产公约〉操作指南》的各个版本中都被列为申报登录的一条重要标准。这使得真实性这一概念被世界各国所重视，同时也引发了对于其理解的广泛讨论。尤其是 20 世纪 90 年代以来，《奈良真实性文件》《圣安东尼奥宣言》（The Declaration of San Antonio）等文件不断发布，亚洲、美洲、非洲等不同地区各自形成了适宜本地区情况的对于真实性的解读，《实施〈世界遗产公约〉操作指南》各个版本的修订中也体现出了对这些地区性解读的回应，体现出了世界各地文化遗产的多样性以及人们对这种多样性的理解和尊重。不过，这一系列的解读仍然是建立在《威尼斯宪章》之精神的基础上的。在建筑和其他文化遗产的保护中，"我们"作为"今人"，对于现在与过去的历史加以区别，并对所有"前人"所留下的遗存给予理性的认识与充分的尊重，这是真实性原则最为核心的思想基础。

9.3.2　最小干预原则

除了可识别性原则之外，由真实性而衍生出来的另一条遗产保护原则叫作最小干预（minimal intervention），指的是在对遗产进行保护的过程中，要尽可能地减小保护措施对遗产的扰动。1964 年的《威尼斯宪章》中虽然没有明确地提出这个概念，但是已经多处体现出了这一思想。例如在保护的描述中，宪章就提到除非明确必要不能将古迹整体或局部搬迁，"与其所见证的历史和其产生的环境分离""凡传统环境存在的地方必须予以保存，决不允许任何导致改变主体和颜色关系的新建、拆除或改动"，以及"作为构成古迹整体一部分的雕塑、绘画或装饰品，只有在非移动而不能确保其保存的唯一办法时方可进行移动"等 [2]，从环境、本体、装饰各个层面都尽可能地减少扰动。而在 1979 年的《巴拉宪章》中，最小干预原则有了更加详细和明确的论述。宪章中提到，尊重现有构件、用途、联系和内涵是"保护的基础"，要采取"谨慎的方法，只做最必要且尽可能少的改变"；在改变的过程中要"探究一系列可能的选择，以寻求对文化意义破坏最小的选择"等 [18]。此外，《木结构遗产保护准则》《北京文件》以及《中国文物古迹保护准则》中都提到了这一原则。

不过，最小干预并不意味着对于遗产不闻不问，任由其倾颓破败，而是要在达到保护目的、不危及遗产存亡的情况下，采用必要的保护措施，把对保护对象的干预减到最小。就像《建筑遗产分析、保护和结构修复原则》中所说的那样，"每次干预应与安全目标相称，这样可以保持最小干预，保证遗产的安全性和耐久性，而对其价值的伤害最少" [19]。对于这一点，日本奈良唐招提寺金堂的修缮就可以用来说明（图 9-13、图 9-14）。金堂曾在 1899 年（明治三十二年）和 1999 年两次落架大修（日本称之为解体修复），其中 1999 年的这一次直到 2010 年才完成，历时十余年，工程颇为浩大 [20][21]。这种将木构架全部拆开、修缮后再组装起来的做法，若论干预的程度可以说实在不小；而且从外观来看，修缮前建筑变形位移的程度并不算是非常大。但是保护工作者最后的选择并不是小修小补，而是选择了落架大修。这并不是因为他们没有考虑最小干预的原则，而恰恰是出于对遗产安全性的考量。日本传统木构建筑的材料和节点具有一定的柔性，使得建筑在遇到地震的时候可以通过一定的结构变形来缓冲地震力，让建筑歪而不塌。但是，这些结构变形在地震后并不会自动恢复回去，而是会日渐累积。当时，日本的结构专家分析，唐招提寺金堂积累的结构变形已经无法承受下一次高强度的地震了，而日本又是地震多发国家，所以即便结构变形的程度有限，也需要进行落架大修来保证建筑的安全。否则，万一再遭受一次地震，就不是落架能解决的问题了①。因此，最小干预，必须是要建立在保证遗产安全性的基础之上的。

最小干预原则的背后，包含的也是与真实性原则一样的线性历史观，但是它涵盖了"我们"作为"今人"对于过去和未来两个方面的态度。一方面，"今人"对于"前人"过去的历史保持了理性与尊重的态度，尽可能地保存遗产所承载的历史信息，绝不主观武断地去改变或减损。另一方面，"今人"对于"后人"也保持着尊重，遗产保护的理念会不断地发展，遗产保护的技术会不断地进步，今人

① 关于唐招提寺金堂修缮的部分内容参考了中央电视台纪录片《日本唐招提寺金堂十年修缮记录》。

191

09

我
们
是
谁
？
遗
产
与
身
份
认
同

图 9-13　落架大修前的奈良
唐招提寺金堂

图 9-14　奈良唐招提寺金堂
落架大修

的保护理念不一定被"后人"所认同，"今人"无法妥善处理的问题，"后人"也许会有更好的应对办法。因此，抱着对过往和未来历史的尊重，在保证遗产安全性的前提下尽量小地实施干预，就是最好的方式。

9.3.3　可逆性原则

最小干预原则中所体现出的关于"今人"与"后人"之关系的考虑，也体现在可逆性（Reversibility）这条遗产保护的原则里。这条原则在国际文件中较早的出现是在 1999 年的《巴拉宪章》中，其中提到了"任何可能削弱文化重要性的改动都应该是可逆的，而且当情况允许的时候应当撤销""可逆性的改动应该被认为是临时性的""非可逆性的改动只能作为最后诉诸的方法，而且不应该阻碍未来的保护行动"[18]。同年的《木结构遗产保护准则》中还补充了一条，即任何采取的干预措施应该"不阻碍之后的保护工作者了解干预证据的可能"[22]。此外，《建筑遗产分析、保护和结构修复原则》《关于工业遗产的下塔吉尔宪章》以及《中国文物古迹保护准则》中都提到了这一原则。

保护领域中的相关理念，可以追溯到17、18世纪意大利的绘画修复领域。17世纪末，虽然当时人们仍然把修复当作是一种创作过程，但是修复者卡罗·马拉塔（Carlo Maratta）在梵蒂冈修复由文艺复兴画家拉斐尔所作的壁画时，已经刻意地节制自己的创作，他希望以后任何比他更合适做这项工作的人都可以把他的修复去掉，而代之以自己的笔触。18世纪，修复者彼得罗·爱德华兹（Pietro Edwards）在1786年写了一份《公共绘画保全、维护改善的管理计划预备论考》报告书，其中主张任何以前的修复在后来都应该可以清除，而且不会破坏原画 [4]77-80[23]。到了19世纪，切萨雷·布兰迪（Cesare Brandi）在构建其修复理论的过程中，又对可逆性原则进行了论述。时间不可逆，史实不可废除，修复也不可能置身于时间之外，它本身也参与到了史实之中。修复行为，是当下的修复者为了提示艺术作品的一体性而对其片段进行的延展，因此，"所有的修复干预都不应使未来的任何干预不可能再进行下去；相反，应为它们提供便利"[24]。为了达到这样的目的，修复干预的可逆性也就是非常必要的了。

当然，绝对的可逆性是很难实现的，修复能够操作的仅仅是物质材料而已。因此，实际操作中的可逆性往往是带有一定弹性的。在纪念《威尼斯宪章》形成40周年的文章中，国际古迹遗址理事会前任主席米歇尔·佩赛特（Michael Petzet）指出，即使在实践中完全遵从可逆性原则，也只能选择具有一定可逆性的措施，让修复工作不至于变成完全不可逆的，而是在一定程度上可逆 [25]。而且，可逆性原则依旧是要以保证遗产的存续为前提的，如果不可逆的干预措施已经成为保存遗产的唯一选择，那么遗产的安全性仍然是第一位的。

可逆性原则背后所依据的思想，与最小干预原则一样，本质上是线性历史观之下对于未来的理性与尊重。作为"今人"，我们认识到遗产保护的观念和准则会随着不同时代的认识改变而变化，因此在修复过程中尽量让干预措施可逆，尽可能减少对后人保护实践的阻碍。

09

我
们
是
谁
？
遗
产
与
身
份
认
同

9.4 遗产批判："我们"的主导性

行文至此，本章讨论的都是作为"今人"的"我们"与过去或未来的"他者"之间的关系，而 20 世纪中叶以来，随着遗产保护领域的不断发展，人们也开始把目光投回到"我们"自身上。尤其是伴随着后现代主义思潮的兴起，主客二元思维等一系列现代观念开始受到批判，这种反思也影响到了遗产保护领域，进而形成了保护理念的一些新发展。

9.4.1 历史的选择与编纂

后现代主义对于历史意识的冲击是十分明显的，人们不再像过去那样对历史的客观性坚定不移了。以往的历史是史学家们竭力追求的客观真相，而当代的历史则是当代人阐释的结果，是无法真正到达的地方。人文地理学家大卫·洛温塔尔（David Lowenthal）在撰写其著名的遗产三部曲时，将第二部命名为《往昔是异乡》（The Past is a Foreign Country），寓意就在于此。这一书名来自英国作家莱斯利·哈特利（Leslie Hartley）的诗歌《送信人》（The Go-Between）里的一句诗："往昔是异乡，人们在那里过着不一样的生活①。"因为人们对于过去的看法总是被时间所隔阂的，就像被空间阻隔的异邦一样，人们靠着个体的记忆、口述或文字，以及物质遗存所看到的只是历史的片段，历史最终仍然是被当代人所塑造的，充满了主观性和不确定性[26]。既然如此，那么遗产作为一种历史遗存，实际上也是一种当代的阐释。不论怎样的保护措施，保留废墟或是完型修复，原址修缮或是异地迁建，这些都是当代所作出的干预，并且改变了历史被感知的方式。而且这种改变，无法避免地、有意无意地，总是体现了当代人的诉求。

比如，雅典卫城的当代保护就是一个典型的例子。在今天人们的心目中，雅典卫城无疑是古希腊这个国家的象征，上面的一切都让人联想起辉煌的古希腊文明——目前世界上最强势的西方文明的源头。卫城中的建筑，比如帕提农神庙，是无可争议的西方古典建筑的代表作，也作为物证在提示着人们，古希腊建筑是

---

① The past is a foreign country: they do things differently there.

西方建筑的源头。然而实际上，雅典卫城自公元前 5 世纪建成以来，在两千多年里经历了很多种身份和状态（图 9-15~ 图 9-17）。在古希腊和希腊化时期，它是献给雅典的保护神雅典娜的圣地。但是到了基督教全面扩展的拜占庭时期，这里显然无法再作为古代多神教"异教徒"的圣地而存在了，这一时期的卫城成为城市的行政中心，加建了城墙高塔，成为一处要塞，帕提农神庙则改为献给圣母玛利亚的一座教堂。奥斯曼帝国占领希腊之后，帕提农神庙被加上尖塔、成为清真寺，伊瑞克提翁神庙则成了总督的私人府邸。在 1687 年的第六次"奥斯曼 - 威尼斯战争"中，雅典卫城遭到了威尼斯人的严重损毁，作为火药库的帕提农神庙遭到炮击，损毁尤其严重。之后，雅典卫城又被用于各种各样的用途。从卫城的历史而言，里面曾经建造过各种各样风格的建筑，有拜占庭式的、法兰克式的、奥斯曼式的。18 世纪晚期，伴随着古典研究的兴起和欧洲人对古典时期遗产的普遍维护，雅典卫城成为一个重要的历史古迹，也是人们调研学习古典建筑的场所。不过可惜的是，有些人不仅来这里带走知识，也带走更多的东西，其中最为著名的事件之一就是英国大使、第七代埃尔金伯爵托马斯·布鲁斯（Thomas Bruce）从帕提农等卫城建筑上带走了一批大理石雕像，后来又卖给了大英博物馆。直到今天，我们还可以在大英博物馆里看到这些雕像，它们甚至有了专门的名字——埃尔金大理石（Elgin marbles），而卫城则变得更加破败了。1822 年古希腊独立之后，希腊人展开了对这一重要古迹的修复。面对雅典卫城复杂的历史，希腊人显然并没有去保留或者试图展现卫城不同历史时期的多种样貌，而是选择了让它呈现出古典时期的样貌（图 9-18）。他们甚至一度采取了法律行动，向大英博物馆索取被拿走的大理石雕像。希腊人认为，这些雕塑是被非法盗取的，它们应该被称为帕特农雕塑（Parthenon sculptures），用偷盗者的名字把它们命名为埃尔金大理石简直就是一种侮辱 [27]。雅典卫城的当代修复，严格来说和前文所提到的真实性原则其实是不相符的。卫城两千多年的变迁都属于它真实的历史，但希腊人却有意识地抹去了建筑上留存的一些信息，保留并且强调了另一些信息。这种主观选择的原因，就是为了让卫城呈现出希腊人打败波斯帝国之后那个最光辉的时刻的样子，成为当代希腊人民族精神的承载。

如果说雅典卫城的当代修复中，"今人"对遗产所承载的历史信息所进行的是选择性保留和强调，那么在一些案例中，人们甚至出于当代的需求对其进行了有意的篡改。1947 年"二战"结束以后，德国人重建了法兰克福的歌德故居（图 9-19）。从遗产本体来说，之前的歌德故居已经在 1944 年的空袭中完全被摧毁了，重建的完全是另一栋新的建筑，并且篡改了新近的历史，并不符合当时主

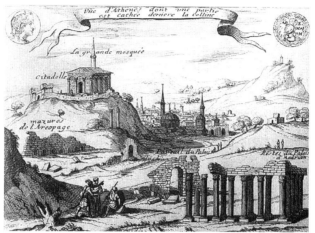

图 9-15 17 世纪的雅典卫城

图 9-16 18 世纪的雅典卫城

图 9-17 19 世纪早期的雅典卫城

图 9-18 21 世纪的雅典卫城

流的保护思想。但是对法兰克福人来说，这栋重要建筑的破坏意味着国家和民族身份的失去，重建它对于他们忘记黑暗的过去、排除纳粹时期的历史而继续前行来说是非常必要的 [17]165。如同洛温塔尔所说，美好的过去就像母亲的子宫和熟悉的故乡，让人们在怀旧的情绪里感到温暖和安全，在不安和恐惧中找到自我定位 [26]31-54，这对于遭受了战争创伤的人们来说尤其如此。

除了让历史遗产回到其光辉美好的样子，遗忘和挪用也是人们对待类似的"负面遗产"的方式。在维也纳，纳粹军队在第二次世界大战期间建造了大量巨大的混凝土高射炮塔（图 9-20）。战争结束后，里面的东西虽然被清空，但是建筑物本身却因为太过庞大和坚固、难以拆除而留了下来。大多数人们对这些构筑物采取了视而不见的态度，它们不被媒体所讨论，不被地图所标注，甚至摄影师们会刻意把它们从画面中裁剪或修饰掉，建筑保护部门也不去登记它们："这些庞大的建筑因为其纪念性而真实地留存下来，它们无法被摧毁，因此是不是把它们登记入册也没有什么区别"。人们没有拆掉它们，也不去面对它们，就像不想去面对那段和纳粹勾结的负面历史一样。还有一栋位于城市中央的高射炮台则被改造成了一面攀岩墙，上面安装的色彩鲜亮的攀岩握点把纪念性的人造物变成了"准自然化"的运动场所，用嬉戏活动抹去了其历史意义 [28]。

图 9-19 重建后的法兰克福歌德故居

图 9-20 维也纳的高射炮塔

197

09

我
们
是
谁
？
遗
产
与
身
份
认
同

9.4.2 利益的协商与平衡

当遗产保护的视角从关注"我们"与"他者"之间的关系转向更加关注"我们"自身，"我们"这一身份也呈现出了内部的多样性。以往的遗产保护中，当谈及"今人"与"前人"或者"后人"之间的关系时，"今人"的身份是相对单一的，或者说，更多的是站在保护工作者的立场而言的。但当遗产保护成为服务于"今人"的当代阐释，遗产的类型也变得越来越丰富①，越来越深入地参与到当代社会生活中去时，作为"我们"的"今人"也进一步细分为了不同的群体，持有不同的立场和诉求。最终得以实践的保护行为也就成为多方利益协商平衡的结果。

例如，同样是发生在德国的对"二战"中损毁的历史建筑的重建，德累斯顿圣母教堂（Dresdener Frauenkirche）的重建就和四十余年前歌德故居的重建经历了颇为不同的过程。20 世纪启动重建工程时，距离圣母教堂被炸毁已经五十多年了，在这个时候，通过重建来重塑新的国家形象、开启一段新历史的诉求不再像四十余年前那样普遍和迫切了，不同人群之间的冲突也愈发地显现出来。对于公众而言，他们仍然广泛地支持教堂的重建，因为与教堂相关的历史仍然留在他们的记忆中，这其中的情感价值是他们十分看重的。但对于保护者们而言，仅仅依靠测绘图和照片就在只剩废墟的原址上修建一座新的教堂是很难接受的，这几乎就是在重塑一个历史风格的布景，与遗产保护的真实性原则相去甚远。而对于一些建筑师来说，他们虽然赞同恢复教堂这一使用功能，却并不赞同依照历史资料重建，他们认为应当摆脱对历史样式的怀旧情绪，建造一座杰出的当代建筑[17]165-167。最终，德累斯顿圣母教堂依照公众的意愿，按照历史中的样子被重建了起来（图9-21、图9-22）。这一过程中各方人群的争论，生动地体现了遗产保护的当代性，当遗产保护越来越深入地"嵌入"当代社会，它也越来越广泛地与不同的人群发生关系，因而不同立场的人群的利益诉求就会在保护过程中相互碰撞，其最终的协商结果决定了保护的选择与走向。

当然，不同群体的利益协商也可能达到一种更加圆满的平衡，由曾经的"干预最小化"而转向"利益最大化"，诸多社区型遗产的保护过程就说明了这一点。例如，在日本的"国家重要传统建造物群保存地区"妻笼宿的保护过程中（图9-23），其保护的相关决定由其"保存审议会"进行审核实施，这个决策机构

---

① 除了纪念物之外，历史街区与城市、乡土建筑、文化景观、工业建筑、现代建筑等诸多类型也被不断纳入遗产范畴之中，使得建筑遗产更加广泛地与社会生活和人群发生了联系。

图 9-21　重建前的德累斯顿圣母教堂废墟

图 9-22　重建后的德累斯顿圣母教堂

包括了来自保护指定地区范围内的居民、保护指定地区范围外围的居民、保护相关行政机构成员、专家学者四个群体的代表成员，代表四个群体的利益诉求。这种"居民-学者-政府"三位一体的保护模式，使得参与保护各方的诉求得到了平衡，观光组织可以调用资金，专家学者坚持保护理念，当地居民延续活态的使用，政府政策给予必要的支持，加上媒体宣传的跟进，使得各方力量既满足各自的诉求，又共同为保护工作提供助力。最终达到的效果在保护理念、复原技术、政策制定、公众参与等诸多方面都得到了广泛的认可，成为将"馆藏式保护"的内向推动力与城市进程的外向推动力相结合，在保护诉求和社会利益之间达到平衡的一个优秀案例 [29]。

　　本书曾在第 03 章"各美其美"中提到过知识的地方性，"常识"和"误识"可能会在多样化的文化语境之间相互转换。而在遗产保护领域中，知识则具有时代性，"常识"和"误识"在不同的时代语境中也有各自的不同定义。在当代，遗产保护的终极目标越来越从"物"走向"人"。保护最终是为了人，也是由人决定

199

09

我
们
是
谁
？
遗
产
与
身
份
认
同

图 9-23　妻笼宿

的，由保护对象对人的功用、价值与意义决定，具体的保护措施只是达到最终目标的手段和方法[30]。为了这个目标，越来越多的学科专业参与到了当代的遗产保护事业中，让遗产保护不断地走向开放、可持续和多元化。

参考文献

[1] ICOMOS. The Athens Charter for the Restoration of Historic Monuments [EB/OL]. (2011-11-11) [2020-05-20]. https：//www.icomos.org/en/167-the-athens-charter-for-the-restoration-of-historic-monuments.

[2] ICOMOS. International Charter for the Conservation and Restoration of Monuments and Sites [EB/OL]. (1964-05-31) [2020-05-20]. https：//www.icomos.org/charters/venice_e.pdf.

[3] UNESCO. Convention Concerning the Protection of the World Cultural and Natural Heritage [EB/OL]. (1972-11-16) [2020-05-20]. https：//whc.unesco.org/en/convention-text/.

[4] 尤嘎·尤基莱托.建筑保护史 [M].郭旃，译.北京：中华书局，2011.

[5] 中国基督教三自爱国运动委员会，中国基督教协会.圣经 [Z].南京：南京爱德印刷有限公司，2012：324，362，374.

[6] THEODOSIANUS Ⅱ. The Theodosian Code and Novels，and the Sirmondian Constitutions [M]. Translated by Clyde Pharr，Theresa Sherrer Davidson and Mary Brown Pharr. Princeton University Press，1952：553.

[7] 维特鲁威.建筑十书 [M].（美）I. D.罗兰，英译，陈平，中译.北京：北京大学出版社，2012：64.

[8] 彼得·默里.文艺复兴式建筑 [M].王贵祥，译.北京：中国建筑工业出版社，1999：72.

[9] 于尔根·哈贝马斯.现代性的哲学话语 [M].曹卫东，等译.南京：译林出版社，2004：1，55.

[10] 科林武德.历史的观念 [M].何兆武，张文杰，译.北京：商务印书馆，1999：140，184.

[11] 约翰·罗斯金.建筑的七盏明灯 [M].谷意，译.济南：山东画报出版社，2012：283-322.

[12] WILLIAM MORRIS，PHILIP WEBB. The SPAB Manifesto [EB/OL]. (1877) [2020-05-18]. https：//www.spab.org.uk/about-us/spab-manifesto.

[13] 厄内斯特·盖尔纳.民族与民族主义 [M].韩红，译.北京：中央编译出版社，2002：40-58.

[14] BENEDICT ANDERSON. Imagined Communities：Reflections on the Origin and Spread of

Nationalism [M]. London：Verso，1991.

[15] MARCEL MAUSS. Techniques，Technology and Civilisation [M]. New York：Durkheim Press，2006：43.

[16] 解彩霞 . 遗产何以可能？——一种现代性的反思 [J]. 文化遗产，2013（1）：63-69.

[17] 陈曦 . 建筑遗产保护思想的演变 [M]. 上海：同济大学出版社，2016.

[18] AUSTRALIA ICOMOS. The Burra Charter [EB/OL].（1979-08-19）[2020-05-21]. https：// australia. icomos.org/wp-content/uploads/BURRA_CHARTER.pdf.

[19] ICOMOS. Principles for the Analysis，Conservation and Structural Restoration of Archi-tectural Heritage[EB/OL].（2003-10）[2020-05-21]. https：//www.icomos.org/charters/structures_e.pdf.

[20] 荣山庆二 . 日本文物建筑保护及维修方法研究——并浅述中国保护现状 [D]. 北京：清华大学，2013：260.

[21] 狄雅静 . 中国建筑遗产记录规范化初探 [D]. 天津：天津大学，2009：162.

[22] ICOMOS. Principles for the Preservation of Historic Timber Structures [EB/OL].（1999-10）[2020-05-20]. https：//www.icomos.org/images/DOCUMENTS/Charters/wood_e.pdf.

[23] 杨昌鸣，周志，李湘桔 . 浅论文物建筑保护和修复中的"可逆性"[A]// 中国建筑学会建筑史学分会，中国科学技术史学会建筑史专业委员会 . 2012 年中国建筑史学会年会暨学术研讨会论文集 [C]. 沈阳：辽宁科学技术出版社，2012：449-456.

[24] 切萨雷·布兰迪 . 修复理论 [M]. 陆地，编译 . 上海：同济大学出版社，2016：87-90.

[25] MICHAEL PETZE. Principles of conservation：An introduction to the International Charters for Conservation and Restoration 40 years after the Venice Charter//ICOMOS. International Charters for Conservation and Restoration [EB/OL].（2011-01-13）[2020-05-21].http：//openarchive.icomos. org/431/1/Monuments_and_Sites_1_Charters.pdf.

[26] DAVID LOWENTHAL. The Past is a Foreign Country [M]. New York：Cambridge University Press,1999.

[27] ELEANA YALOURI. The Acropolis：Global Fame，Local Claim[M].Oxford：Berg Publishers，2001.

[28] MÉLANIE VAN DER HOORN. An Anthropology of Undesired Buildings [M]. New York：Berghahn Books，2009.

[29] 潘玥 . 对日本妻笼宿保存与再生计划的思考 [J]. 建筑遗产，2017（2）：8-23.

[30] 西萨尔瓦多·穆尼奥斯·比尼亚斯 . 当代保护理论 [M]. 张鹏，张怡欣，吴霄婧，译 . 上海：同济大学出版社，2012：187-188.

10

讨论：
建筑与文化人类学的
更多可能

本书作为关于建筑与文化人类学之思考的一个阶段性成果，在前文章节中所呈现的只是这一领域中的若干话题，还有更多话题值得去进一步思考。在全书最后，笔者尝试提出一些思考尚不成熟的话题，供读者参考和批评。

10.1　建筑区系研究

建筑学与人类学的研究，在乡土建筑上尤其容易找到共同的兴趣。一方面，传统的文化人类学一直把原始和乡土社会作为重要的一类调查对象，而建筑则是这些社会的物质文化中的重要内容。另一方面，乡土建筑作为使用者依托社群而为自己建造的居所，密切地与其生计模式、家庭结构、社会组织、精神信仰等交织在一起，也促使关注它的研究者从文化人类学里寻找方法论的工具。就乡土建筑的研究而言，中国是目前对象最丰富，也是研究最活跃的国家。在我国的传统民居研究领域，人类学的文化传播论形成的文化圈理论，在民居研究从案例范式、类型范式走向区划 / 区系范式、谱系范式的过程中体现出了其影响。

10.1.1　文化传播论与文化圈

在文化人类学学科的早期阶段，人类文化的起源可以说是最重要的研究问题之一。本书第 02 章提到的文化进化论就认为，人类的文化是各自独立发明的，因为人类心理存在着普遍的一致性而具有相同的发展规律。而另一个学派——文化传播论学派则针锋相对，认为人类的文化史更主要的是文化传播和借用的历史。在英国，甚至一度出现了极端的"埃及中心论"。埃里奥特·史密斯（Elliot Smith）认为，世界上所有的文化都起源于埃及，古埃及人从公元前 6000 年左右开始逐步发展出各类物质技术和社会组织、宗教文化，并且藉由他们发明的船舶传播到世界各地，而现存的许多原始文化，是古埃及文化不同程度的退化之后的结果。他的学生威廉·佩里（William Pe rry）则认为，古代文化的传播者是到处寻宝并不断发现新国家的探险家们，他们把古代文化带到了不同的地方，与当地文化融合，形成了新的文化[1]63-67。

英国人这种极端的传播论并没有得到太多的拥护者，但是德国的传播论学派却形成了深远的影响。19世纪晚期，弗里德里希·拉策尔（Friedrich Ratzel）在著作中反对进化论的人类心理一致论和文化独立发明论，提出文化是伴随着民族迁徙而扩散开去的，这通过把文化要素的分布绘制在地图上，再分析它们的分布范围就可以看到。而且在证明各种文化的联系上，他认为物质文化只有通过人才能传播，比种族特征和语言更具有研究价值，因此他特别关心移民的研究。20世纪中期，美国地理学家弗雷德·尼芬（Fred Kniffen）曾经把美国的乡土建筑的形式特征、流行时期与西部开发、人口迁徙的过程对照分析，梳理出了 New England、Middle Atlantic、Lower Chesapeake 三支传统向西传播的路径（图10-1），并且将其与美国的方言地图，以及社会组织的分布进行了匹配印证，可以说就是这一思想应用于建筑研究一个很好的例子[2]。之后，拉策尔的学生莱奥·弗洛贝纽斯（Leon Frobenius）提出了文化圈（Kulurkreis）这一概念，并且以物质文化为主要线索，在非洲进行了文化圈的划分。他认为，文化是从自然中诞生的，相同的地理环境会造就相同的文化，但是文化本身无法移动，人就成为文化的搬运工。之后，弗利茨·格雷布内尔（Fritz Graebner）又对文化圈理论进行了更加系统的阐述。比如，他提出了鉴别文化亲缘关系的两条标准：一条是事物的相同形式，另一条是

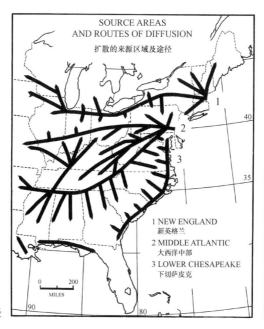

图 10-1　美国三支乡土建筑传统的传播路径

相似事物的数量；他也通过地理分布发现，文化圈可能在空间上部分相互重叠，从而形成文化层等。总之，格雷布内尔的传播论认为，人类不可能两次独立地创造出同样的事物，凡是相同的文化现象，无论出现在什么地方，都属于某一个文化圈、起源于某个中心。不过，传播论学派中也有相对折中的观点，威廉·施密特（Wilhelm Schimidt）在他的理论中，不仅将文化亲缘关系的鉴定原则完善为"性质""连续性""关系程度"三条标准，而且把传播论和进化论结合到一起，他把人类社会的发展从狩猎采集到高级文明划分成四个阶段，在每一级中都包括几个文化圈。例如在原始的狩猎采集阶段，他就提出了中央文化圈、北极文化圈和南极文化圈这三个文化圈 [1]53-63。

10.1.2　民居研究的范式转向

我国的传统民居研究发端于 20 世纪上半叶，30—40 年代，刘敦桢先生在西南地区开展民居调研，此后出版《四川住宅建筑》《中国住宅概说》等书，使传统民居成为一个独立的研究领域。其研究的一个重要初衷，就是认为中国建筑史的研究中"只注意宫殿陵寝庙宇而忘却广大人民的住宅建筑是一件错误事情"[3]，这个想法本身就带有很强的人文倾向。

自中华人民共和国成立到 20 世纪 80 年代，传统民居的研究以基础性的调查和描述性研究为主。这一时期的研究以各地的设计院和高校为主要力量，以实地调查、测量以及绘制图纸为主要调查方法，对各地传统民居的平面布局、造型构成、结构构造、装饰装修等进行了细致的调查和记录。这些调查多以省/市/自治区为单位开展，形成了一系列经典成果，为民居研究留下了扎实的基础资料。这一阶段研究的一个突出特征，是十分重视"案例"，即重视通过对大量典型民居建筑的详细调查和测绘，来归纳该地区民居的各方面特征，例如《浙江民居》《福建民居》等；如遇到省域内民居多样性十分突出的，则分片区进行案例的调研与归纳，例如《云南民居》《新疆民居》即是按民族来撰写的；而在《四川民居》的各个章节中，则是在简要综述后直接把大量案例作为主要内容来呈现。

随着基础性研究的不断推进，研究成果覆盖的地区越来越广，地区内的调查资料也越来越详细，我国传统民居的多样性愈发充分地显现出来。与之相适应的，"类型"逐渐取代了"案例"占据了主导性地位，成为民居研究中更具优势地位的研究范式。这一点，在 20 世纪末、21 世纪初几部重要的民居研究综合性著作中就可以看到；例如陈从周、潘洪莹、路秉杰先生的《中国民居》（1993 年）、陆

元鼎先生的《中国民居建筑》（2003 年）、孙大章先生的《中国民居研究》（2004
年）中，都是以"一颗印""吊脚楼""竹筒屋"等典型的民居建筑类型作为主要
论述线索的。此外，《北京四合院建筑》《福建土楼》《窑洞民居》等专门论述某一
特定民居类型的诸多专著也相继出版。对于丰富多样的民居建筑的类型梳理，在
2013—2014 年全国性的民居类型调查中得到了最为集中的体现。在住房城乡建设
部组织下，全国各地进行了覆盖到每个县级行政区的传统民居调查，最终汇集了
599 个类型 [4]，编写为《中国传统民居类型全集》出版。从"案例"模式向"类型"
模式的转向，使得对民居多样化的建筑形式的描述更加系统化了。

在"类型"研究不断深入的同时，这一模式的局限也逐渐浮现出来。第一，
许多由地方称谓命名的建筑类型在分类的逻辑上并不处于同一维度，是无法并置
的。例如，"土楼"描述的是建筑的材料特征，"一颗印"描述的是建筑的平面布
局特征，这两者在严格的系统性分类里是不应该并置的。第二，每一次分类只能
区分一个维度上的差异，这种相对扁平化的方式在大范围的描述中难以有效区分
多样化的建筑形式。例如，按照建筑的平面布局设置"一字形""L 形""H 形"等
类型，可能会导致一个村落的建筑被分入不同大类，而两栋相隔千里、差异极大
的建筑却落入一个类型。第三，绝大部分的分类是共时性的，难以体现建筑形式
的发展演变，以及不同建筑形式之间相互影响的动态关系。

于是，21 世纪后，尤其是近十年来，越来越多的传统民居研究开始探索"谱
系"模式，以完善"类型"模式的局限性。这其中大致包括两类思路：一类是
视角自上而下的横向的"区划""区系"研究，另一类是视角自下而上的纵向
的"源流""演变"研究。其中，区划 / 区系的研究，就与文化圈理论联系十分
紧密。

10.1.3　民居的区划 / 区系及谱系研究

对于民居建筑"区划""区系"的研究不同于 20 世纪中后期以省域为单位开
展的民居调查。后者更多的是出于对工作开展便利性的考虑，按行政区划进行调
查；而前者则是把建筑看作地域性的产物，基于自然 / 人文地理的特征来划分建
筑的片区。如此一来，不同的民居建筑形式之间的相互关系，就不仅仅是由其表
现出的形态特征来决定，而更多地是由其产生发展所在的环境来决定，由"表象"
走向了"成因"。

较早对我国民居建筑的区划展开系统性论述的是王文卿先生，他在 20 世纪
90 年代初就从自然区划与人文区划两个方面专门讨论了这一问题。在自然区划中，

他将民居的取暖保温、隔热通风形式与全国建筑气候区划图进行了对照，将民居的屋顶坡度与降水量区划进行了对照，也讨论了民居与地形分区、材料分区之间的关系[5]。在人文区划中，他按照物质文化、制度文化、精神文化这一较为通行的文化解析方式，讨论了民居与经济生产、社会形态、宗教信仰分区之间的关系，并且结合此前的民居自然区划的讨论，提出了中国传统民居的 8 个综合分区（表 10-1）[6]。这些民居与自然、人文因素之间的关系，在同时期陆元鼎先生、孙大章先生的专著中也得到了探讨。

表 10-1 王文卿的人文区划分析

分项 区域	经济 类型	人口 密度	宗教 制度	宗教	哲学 思想	地理	气候	总结
1	农耕， 沿海有 商业	极高	全面 完善	佛、道	儒、道 等思想的 起源区	长江、黄 河、大运河 的主要流域	暖温带和 亚热带湿润 半湿润区	古代农业文明 发源地，哲学思 想发源地，农、 商业发达
2	农耕， 沿海有 商业	高	完善	佛、道	儒、道 等	江南丘陵	亚热带湿 润区	多有聚族而居 的遗风
3	农耕	不高	不强	多为原 始崇拜	影响小	云贵高原	亚热带湿 润区	多民族杂居， 民居多姿多彩
4	游牧及 农耕	很低	强	喇嘛教	无影响	青藏高原	高原高山 带半湿半干 区	以藏族为主体， 民居形态多为毡 房和碉房
5	绿洲 农耕	很低	弱	伊斯 兰教	无影响	西疆沙漠	温带和中 温带干旱区	维吾尔族为主 体，民居布局以 适应气候为主
6	农耕	较低	弱	伊斯 兰教	有影响	河西走廊 为主	中温带干 旱及半湿润 区	地处青藏高原和 内蒙高原夹缝，受 多方文化影响，民 居多为平房有院
7	游牧	很低	弱	佛教 为主	无影响	近长城的 蒙古高原	中温带干 旱区	以蒙古族为主， 民居多为蒙古包
8	农耕 为主	局部 较高	较强	佛教 为主	影响较 小	东北森林 为主	中温及寒 温带湿润区	以满汉为主， 汉化较重，民居 兼有两者特点

来源：据文献 [6] 绘制。

自 21 世纪以来，民居建筑的人文区划得到了越来越多前沿学者的关注，并且更深入地与人类学、地理学等学科的研究相结合。例如，朱光亚先生在张十庆先生主持的自然科学基金"南方建筑区划与谱系研究"之工作的基础上，借用文化人类学的"文化圈"概念，在汉族范围内划出了京都、黄河、吴越、楚汉、新安、闽粤、客家7个文化圈，与少数民族的蒙、维吾尔、藏、滇南、朝鲜5个文化圈共同构成了12个中国古代建筑文化分区，并且倡导同道们开展建筑谱系的研究[7]。李浈同样从文化地理学的角度，在长江流域划分出了吴越楚川文化圈、岭南文化圈、西南藏滇佛教文化圈、西北伊斯兰教文化圈、黄河流域中原文化圈、北方游牧文化圈6个影响民居的文化圈[8]。在局部区域的研究中，余英以民系为主要线索，将东南系民居建筑划分为越海系、闽海系、湘赣系、客家系和广府系5个建筑文化区[9]；戴志坚结合语言和民系的综合考量，把福建民居划分为闽南（海洋文化）、莆仙（科举文化）、闽东（江城文化）、闽北（书院文化）、闽中（山林文化）、客家（移垦文化）和闽西北（边界文化）7个片区[10]。张玉瑜、石宏超从木构架的考察出发，对江南传统民居进行了建筑区划上的讨论初探[11][12]。

　　21世纪10年代以来，对于民居的区划/区系研究逐渐归拢到了"谱系"这一关键词上，常青院士对此进行了系统性的论述，他提倡在风土建筑的研究中从方言和语族等"语缘"的角度进行区划，将地域传统建筑的风土特征连贯成以地理气候和文化习俗为参照的主线脉络来表达，探寻一种开放的风土建筑特征谱系[13][14]。具体地，他将汉族地区划分为北方的6大风土区系和南方的4大风土区系，将少数民族地区分为藏缅、壮侗、苗瑶、蒙古、突厥、通古斯等6大语族风土区系；将聚落形态、宅院形制、结构类型、装饰技艺、营造禁忌作为5个构成风土建筑谱系的基本特质；同时，以江南地区为例，通过对匠作谱系中心的调查形成了风土建筑谱系研究的示范性成果[15]。此外，罗德胤结合对文化遗产评价和认识的国际趋势，提倡以文化重要性作为建立传统村落谱系的第一要素，将全国划分为汉族片区、民族片区、民系片区、混合片区[16]。孟祥武等倡导在此基础上关注多元文化交错地区的研究，完善传统村落的谱系建构[17]。随着理论体系和方法论的不断发展，在不同地区开展的民居谱系的具体研究也不断涌现出来。例如，巨凯夫以木作形态为主要线索，梳理了浙江风土建筑的分级图谱[18]；伍沙基于平面形制，讨论了湘语方言区风土建筑的谱系构成[19]；周易知则综合考虑了平面布局、木构架、围护结构、局部做法，对闽系核心区的风土建筑进行了谱系分区研究（图10-2）[20]。

　　总体而言，基于区划/区系而进行的民居谱系研究已经初步形成了"文化地理区划-建筑特征考察-谱系中心研究-区划验证调整"这一技术路线。这一研究范式的形成，有助于更加科学化、系统化地对民居建筑形式的多样性进行阐述，在更加严谨的逻辑体系之下分析民居建筑形式之间的差异，并探究它们之间的相互关系。这种从案例到类型、从类型到区系 / 谱系的研究转向（图 10-3），标志着传统民居这一研究领域在不断地完善和成熟。

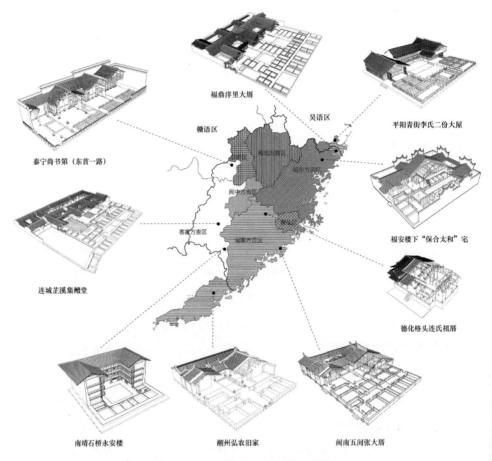

图 10-2　周易知的闽系风土建筑区系研究

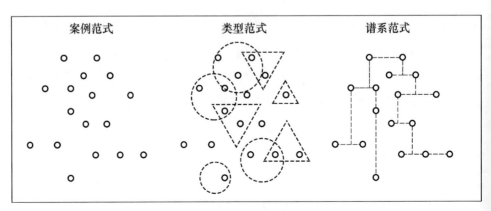

图 10-3　建筑多样性研究的范式转向

10.2　日常空间研究

　　限于笔者的知识范围与学术经历，本书中大量的内容都是与乡土建筑、传统建筑相关的。关于城市，尤其是现代城市的研究十分欠缺。然而，在城市化进程日趋深入的今天，大部分人口都集中在城镇之中，也就是说，大部分人的生活是在城市环境中展开的。因此，城市普通人的日常空间也是一个值得关注的话题。

10.2.1　大众建筑研究

　　或许是由于特殊的历史背景而缺少传统建筑的积淀，相较于亚洲或者欧洲的乡土建筑研究，美国的乡土建筑（vernacular architecture）研究较早地关注到了当代语境下的平民生活及其相应的物质文化。

　　20 世纪中期，随着工业化、城市化、市场化的推进以及战后资本主义社会经济的复苏，学者们开始重新审视"vernacular"这个概念的范畴：如果仍然把研究限定在前工业社会有限的遗存而忽视时代的前行，那么这一研究领域就会不可避免地走入历史的故纸堆，或是刻舟求剑的自娱自乐之中。例如，较早提出这个问题的约翰·考文霍温（John Kouwenhoven）认为，"vernacular"绝非是局限于历史中的，在一个普遍工业化的时代，普通民众在新的技术社会环境下为日常生活而产生的设计，恰恰就是当代美国的"democratic-technological vernacular"[21]。约翰·杰克逊（John Jackson）则把讨论聚焦在了物质文化景观上，他自 20 世纪 50 年代起主编《景观》（Landscape）杂志，把郊区住宅、高速公路等普通当代建筑批判性地纳入了美国当代乡土景观的范围。他认为，任何人都不能够忽视时代的变化，而是应当直面新的社会背景下人们的创造与需求，进而去营造宜人的环境①。随着"二战"后大众文化的兴盛，这种扩大化的"vernacular"定义得到了进一步的认同，它不再局限于描述传统农业社会的遗存，而是被用来广泛地指称精英化的、非学院派的、大众的、通俗的、日常的事物。这种定义的扩展，赋予了乡土

---

① 约翰·杰克逊，美国作家、人文地理学家，他在 1951 年春出版了第一期《风景》，副标题为《西南人文地理》，此后一直担任该杂志的发行人和编辑，直到 1968 年。

建筑研究在工业化、城市化进程中持续前进的活力，顺应着时代变迁扩展了研究领域。而且，还由此获得了一种自下而上的、平民主义的、立足于普罗大众的"道德高度"[22]。就像梅迪纳·拉珊斯基（D. Medina Lasansky）所提出的那样，大众文化与媒体如同砖和砂浆一样，都是构成建成环境的重要材料[23]：在以"小写建筑①"为主的建成环境中，杂志、广告、电视、电影等大众媒体在建筑的塑造中扮演了重要角色；而大众文化价值观影响下的使用者则最终赋予了建筑的意义。罗伯特·文丘里（Robert Venturi）的商业带研究（图 10-4），就是这一时期最有影响力的大众建筑研究之一。他用城市扩张、汽车交通带来的速度和尺度变化、商业信息的视觉传达需求来阐释拉斯维加斯商业带的建筑物、标志物与开放空间，直面所处的时代，肯定了为现代主义建筑所不屑的商业建筑。他认为，向通俗文化学习的建筑更加符合当下的社会需求与大众观念，而一直标榜其社会基础的现代主义建筑其实表里不一，它对结构和功能的表现只是为了通过形象暗示社会与工业的改良与进步，落入了一种与现实脱节的不负责任的表现主义[24]。基于对商业景观的关注，"商业考古学"（commercial archaeology）也应运而生，汽车宿营地、汽车旅馆、加油站等建筑都进入了研究视野。罗伯特·舒尔茨（Robert Schultz）分析了美国"二战"后郊区建设的代表性项目——莱维敦住宅在大批量建设的十年间发生的变化，展现出了大众品味与市场导向对建筑面貌的影响。莱维敦住宅设计的变迁体现了一种"倒退"，从现代化革新走向传统家居意象的营造，而这种变化正是开发者不断根据消费者喜好调整设计的结果。人们欢迎新技术带来的便捷，却又回避工业化材料与设备的意象，于是房屋就像画上木纹的面包机和微波炉一样，出现了现代功能与历史形象的并置[25]182-190。

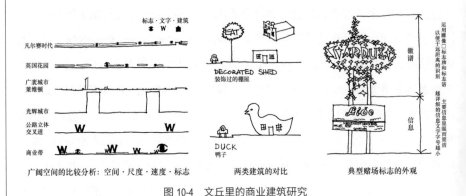

图 10-4　文丘里的商业建筑研究

---

① 拉珊斯基以首字母小写的"architecture"指由无名建筑师或非建筑师设计的建筑，以首字母大写的"Architecture"指代由学院派精英建筑师设计的带有强烈个人意识的建筑。

10.2.2 日常生活与空间研究

不过，在大众建筑研究日益活跃的同时，对它的批判也同样存在，新马克思主义对资本主义社会的批判为这种批判和反省提供了背景。大众建筑，尤其是商业建筑的研究往往是描述大于阐释分析 [26]，而且在态度上更倾向于颂扬而不是批判 [27]，这就很容易导致建筑对资本主义商业不加选择的屈服，甚至把商业神化为当代美国精神的形象宣言。有学者认为，20 世纪 60 年代到 80 年代结构主义的盛行就是对这种批判逃避式的回应：在纯形式层面讨论建筑，对社会与政治意义避而不谈，致使建筑研究离生活经验越来越远 [25]2。但这种逃避并不能阻止商业资本不断夺取对建成环境的控制力，资本控制下的建筑商品化进程并未因此减缓。

在这一批评中，以亨利·列斐伏尔（Henri Lefebvre）为代表的日常生活批判理论为建成环境抵抗商品化与消费主义提供了有力的理论支持。日常生活批判理论源于对马克思异化理论的继承与完善，马克思主义关注的是国家政权、所有制等社会政治经济方面的宏观革命，而列斐伏尔则关注微观世界革命与个人思想的解放，认为一个健全的社会应当激活普通人与日常生活鲜活而丰富的意义。现代社会日常生活异化的可怕之处，在于技术、官僚、消费主义的统治渗透到家庭生活、闲暇时间甚至文化活动中，使生活中的一切，乃至庆典、节日都被组织化；日常生活失去了整体性，人也不再是全面的人。因此，现代社会的变革必须是自下而上的："社会主义（新社会，新生活）必须牢牢建立在日常生活之上，建立在一系列可以称之为生活经验的变革之上 [28]。"进而，列斐伏尔把日常生活革命的期望落到了城市空间上 ①。他认为现代社会日常生活的异化最集中地体现在城市生活中，而城市生活则在城市空间中展开。在当代社会，城市空间一方面是资本的产物，与生产方式、资本循环、资本积累等密切相关，土地、空气、阳光都变成可以交换、消费的商品；另一方面，空间作为一种载体，通过组织与控制社会运作成为资本关系的再生产者 [29]。因此，空间不仅是一个物理学概念，也具有社会性和政治性，关乎社会关系与社会秩序的建构（图 10-5）。

日常生活批判理论开启了马克思主义社会性空间研究，使空间研究跳出了纯粹的形式趣味。例如，本书第 08 章提到的福柯对圆形监狱的讨论就揭示了空间中的权力控制关系。而米歇尔·德·赛托（Michel de Certeau）则把日常生活理论落到"实践"上，关注弱势普通人运用"战术"（taictics），即非正式化实践对日常

---

① 列斐伏尔从日常生活批判到空间理论的转变中，曾经与超现实主义、情境主义、乌托邦小组有过密切互动，这些先锋艺术团体对他转向空间研究产生了一定影响。

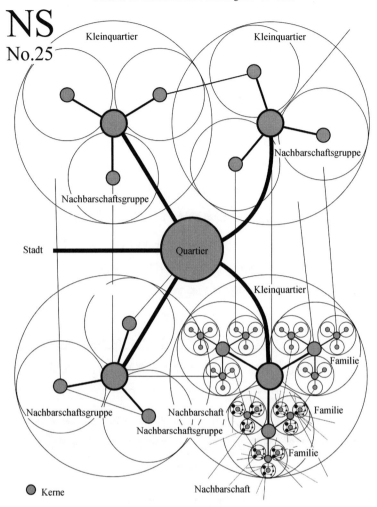

图 10-5　城市人文关系的图解

空间进行的创造性生产（图 10-6）。空间是"被实践的地点"[30]。例如，城市空间中的行走就是对空间的实现过程，如同陈述对语言一样；步行者甚至可以通过自己的行为选择性地实现，甚至违反和改写强者用"战略"（strategies）制定的空间秩序。玛丽 - 安·瑞（Mary-Ann Ray）讨论了在法律条例影响下出现的大量快速建造的住宅"geckondu"，以及其中所体现出的诸多无名建造者的策略，例如用极少的材料建造空间、建造与居住并存的状态、不设固定功能的灵活性等，这些都值得建筑师关注和学习[25]153-165。美国的城市研究者还基于日常生活理论提出了"everyday urbanism"的概念，倡导基于对现状的深刻理解而改善日常生活的城市设计（图 10-7），通过精巧的设计激活空间的丰富意义，体现了对弱势"战术"而非强势"战略"的倡导。这一范式与"new urbanism""post urbanism"被并称为城市研究中非常重要的三类范式[31]。

图 10-6　日常空间实践：
街道旁的摊贩

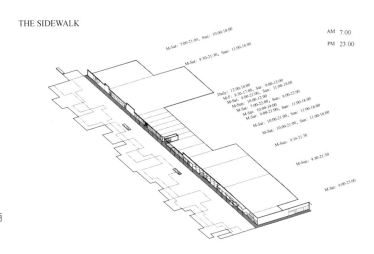

图 10-7　"Everyday
urbanism" 概念下对商
场的时间分析

　　建筑学中一直有这样的倾向，希望通过确立建筑师专业化、精英化的社会
地位来形成文化的话语权，主导建成环境的塑造。建筑师们讨论 architecture 与
building 的区别，讨论 architect 与 builder 的区别，致力于塑造"大写建筑"。而日
常空间研究在帮助建筑学抵制资本力量的同时，也打破了精英建筑与日常建筑、
academic 与 vernacular、elite 与 popular 的二分法：后者不断地通过前者定义自己，
前者不断地与后者融合 [25]123。这种二分法的弱化，提供了一种整体性的眼光，去
理解建成环境的意义。如果说大众建筑的研究让"小写建筑"从异文化和遥远的
历史中回到了当下的时代与地点，日常空间的研究则通过空间的社会意义说明了
"Architecture is part of architecture" [32]。

10.3　建造文化研究

本书的章节中所讨论的建筑，大多处于已经被建成的状态，对于建筑物从策划、设计到施工的建造过程，讨论相对较少。而实际上，相对于日常生活而言，房屋的建造是一次不小的"事件"，会集中地体现或者搅动既有的社会关系和思想观念，因此这个过程中有许多内容是值得深入探讨的。

10.3.1　营造技艺的研究

对于传统建筑而言，营造技艺的研究由来已久，随着近年来非物质文化遗产研究的兴起，这一领域已逐渐成为显学。

自营造学社起，梁思成、陈明达等前辈便视营造为中国建筑的"文法"，展开了《营造法式》《工程做法则例》等官方典籍的研究；此后，张驭寰、傅熹年、马炳坚、李浈等前辈相继完善了以官式建筑为主的建筑技术史研究，祝纪楠、张庆澜则诠释了《营造法原》《鲁班经》等民间典籍。20 世纪晚期开始，以传统民居、乡土建筑为对象的营造技艺研究开始蓬勃开展。例如，朱光亚教授团队的东南地区传统建筑工艺研究形成了《福建传统大木匠师营造技艺研究》等成果；李浈、宾慧中、杨立峰等学者完成了《泛江南地域乡土建筑营造技艺的整体性研究》《中国白族传统民居营造技艺》《匠作·匠场·手风——滇南"一颗印"民居大木匠作调查研究》等成果。2006 年起，22 项传统建筑营造技艺（其中 18 项涉及民居）先后列入国家非物质文化遗产名录；2009 年，中国传统木结构建筑营造技艺列入联合国教科文组织非物质文化遗产名录。营造技艺不仅因其产物——建筑而获得意义，技艺本身也具有了重要的文化地位，正如马塞尔·莫斯（Marcel Mauss）所说，"技艺是多种传统行为的组合"，它不仅具有实际效用，而且是"社会环境的特征"[33]。此外，匠人队伍的不断老化也使营造技艺研究变得十分迫切。在此背景下，《中国传统建筑营造技艺丛书》等一系列成果相继涌现出来。

20 世纪晚期开始的传统民居营造技艺研究，与早期的传统建筑营造研究在内容体系上有所不同。早期的传统建筑营造研究是以技术性内容为重点的，例如设计法则、尺寸比例、工艺做法等，其非常重要的一个初衷是搞清楚中国古代建筑的做法并将其用"今天一般技术人员读得懂的语文和看得清楚的、准确的、科学的图样加以注释。把古代不准确、不易看清楚的图样翻译成现代通用的工程图"[34]。把传统建筑的做法用现代建筑的表达方式呈现出来，这实际上是梁思成一代前辈学者更宏大的学术抱负的其中一个部分，就是把中国古代建筑写进世界建筑的体系中去，同时也为创作具有中国民族性的当代建筑提供支撑。而 20 世纪晚期开始的营造技艺研究，其研究目的更加侧重于深入地阐释建筑及其文化，因此在具体的研究内容上不仅包括了技术层面的工艺做法，也涵盖了更多文化方面的内容。

一方面，相关的工作普遍从"物"的研究转向了"见物又见人"的研究，把民居的建造者——工匠群体也作为重要的研究对象（图 10-8）。例如，杨立峰对滇南"一颗印"民居的研究就把"匠——工匠"和"作——营造实践"作为两条主线，并进一步把"匠"解析为"手风"和"匠场"，把"作"解析为"匠意"和"匠技"，构建了民居营造文化研究的体系[35]；沈黎在对香山帮这一匠帮的研究中，提出要以建筑营造划分出"建筑文化丛"，深入到建筑的建造者和使用者生活的各个方面，包括建造技术、建筑材料、行业规则、生活习俗、仪式、技术传承、祖师崇拜，以及工匠的衣食、组织活动等[36]；笔者也曾在纳西族民居的研究中提出过乡土建筑"建造范式"的概念，以科学哲学中的"范式"（paradigm）的"多维度矩阵"（disciplinary matrix）之意，将社群共享的营造传统表达为一个多维度的综合性概念，包括技术范式、人际范式、精神范式等不同维度[37]。乡土营造技艺的研究，逐渐从工艺技术走向了"整体性研究"，形成了对营造之"原"、营造之"圈"、营造之"流"、营造之"变"有了更加全面的关注[38]。

另一方面，营造过程中的仪式与禁忌被普遍地纳入了营造研究的范围，它们出现在营造过程中的各个环节，是其中不可分割的组成部分（图 10-9）。对于仪式与禁忌的研究，除了进行白描式的记录之外，还可以从中看到建造者如何处理他们与超自然力量之间的关系，使用者如何处理他们与社群其他成员之间的关系，从这一点来说，它们也是一种广义上的"技术"。例如，在对纳西族的乡土建造仪式的研究中，就可以看到当地人在东巴教影响下形成的人与自然神灵相对平等的观念，无论是伐木、动土，都是在互惠基础上进行的对于某种操作的许可请求。但同时，举行仪式也是在向某种强大的力量寻求庇护，比如，仪式发生的时间往往是建造中关键的技术节点，一旦失误对工程进展影响很大；仪式涉及的内容往往具有很大的经济价值，一旦损坏会造成很大的经济损失；或者这些内容损害了他者的利益，在人们心中形成了愧疚感和负罪感；或者它们具有重要的象征意义，在人们心目中具有重要的地位；仪式对应的工作往往操作难度较高，可能

图 10-8　纳西族工匠的集体营造

图 10-9　纳西族乡土建筑营造中的抛梁仪式

会给人们带来危险，令人恐惧。总之，仪式往往发生在人们不安的时候，或因重要而焦虑，或因未知而担忧，或因亏欠而愧疚，或因危险而恐惧，因而寻求一种强有力的力量来缓解这种不安。而禁忌，在很多时候可以被看作一种消极的仪式[37]。对于文化人类学来说，仪式是其研究的传统领域，已经积累了丰富的案例与理论，它们或可与传统营造的研究更加深入地结合起来。例如，阿诺尔德·范热内普（Arnold Van Gennep）提出了"过渡礼仪"（the rites of passage，也称为"通过礼仪"）的理论，认为"过渡礼仪"可以分为分离阶段、边缘阶段（或称阈限阶段）、聚合阶段三个阶段。这三个阶段共同构成了仪式的整体"结构"[39]。之后，维克多·特纳（Victor Turner）又对其理论中的"阈限"和"结构"两个概念进行了进一步的详细讨论，并且提出了"反结构"的概念[40]。这些文化人类学的理论，如果能与传统营造的仪式研究相结合，应当可以产生更强大的阐释力量。

10.3.2　建造组织的研究

传统的、乡土的社会中的房屋建造，往往是基于社群（Community）来完成的。如同拉普普特所描述的那样，对于原始建筑（Primitive Architecture）而言，社群中人人懂得建造、家家都能建房；对于乡土建筑（Vernacular Architecture）而言，社群成员也都熟悉关于房屋的知识，由使用者与工匠合作，通过一种"调适"过程完成建造[41]。在这类对象中寻找建筑与人的连接要更加直接，因而此类研究也更多见一些。而现代社会中的建造，则脱离了与使用者的密切关系，使得建造过程不再"嵌入"在使用者的日常生活之中，以致研究者难以将对传统建筑的研究范式套用过来。但是，现代建筑依旧是文化的产物，其建造过程依然与人相关，而且因其更加深入的分工而与更多的人群相关，同样值得关注和讨论。

在《建造文化》一书中，霍华德·戴维斯（Howard Davis）就试图提出一种适用性更加广泛的解释框架，将建筑生产的过程作为一个整体来进行解读，把与建造相关的人群、知识、规则、程序、习惯都纳入进来。在这样的框架之下，建造过程首先是嵌入在一张多方参与的人际关系网络中的，比如在现代语境下就涉及承包商、工匠、客户、使用者、建筑师、建设官员、银行家、材料供应商、调查者、评论人、房地产经纪人、制造商等（表10-2），这些人的行动都由一系列的规则体系、信念与行为习惯所引导，这些内容定义了建造文化，而建造文化则是外部世界更大的文化的一部分。建造文化的产物，就是作为一个整体的建成世界，包括了所有的建筑，无论是传统的还是现代的，纪念性的还是日常的，著名的还是无名的。如此一来，占建成环境绝大多数的日常建筑就不会再被排除在"只关注大教堂而不在乎自行车棚"的建筑学的讨论之外了。戴维斯尤其提到了19世纪末以来建造文化因为行业分工的深入而形成的变化，并且按照建造类型分出了5种亚文化：投机性的商业和办公开发以及大型公司的标准建筑（如购物中心、仓库、快餐店等）；建筑师为特定客户设计的建筑物（如博物馆、医院、学校等）；商业建造者的住宅开发（如公寓楼等）；没有建筑师服务的小型建筑和自建建筑；建筑构件和建筑物的制造[42]。如果能在这样的视角下对于当代建造过程中的建筑师、建造者、各类机构，对于资金流动、合同签订与管理、规范制定与执行等内容进行研究，或许能形成与行业密切相关、具有直接现实意义的研究成果。

此外，还有一些学者从群体性"自组织"的角度研究了建筑的建造过程。例如，卢健松基于自组织理论，讨论了自发性建造的建筑如何在群体行为中形成地域性的问题。他将自发性建造定义为"为改善自身生存环境，以家庭为决策单元，不受外界特定指令控制，自主决策房屋的选址、形式、投资的行为或结果"，并且以"实施过程中时间、人员、规则、形态、目的上的开放性"为最本质的特征，对传统民居，城乡自建住宅，以及城市中的各类非正式建筑进行了分析，总结出了"学习与记忆、形式与功能分离、结构动态适应、形式不可预测、短程通信、特征涌现"等六个组织属性[43]。侯正华借鉴自组织理论，分析了城市趋同现象的本质，提出了基于市场化建设体制，合理利用自组织机制，使其在城市特性的形成中发挥积极作用的可能性[44]。段威在土地产权制度变迁、城乡规划政策干预、城市化进程不断推进的背景下考察了萧山南沙当代乡村自建住宅的组织机制，对其基因、共享、突变、蔓延等现象进行了总结[45]。这些讨论，对于当代语境下的建造文化研究起到了有益的推动作用。

表 10-2　现代建造过程及参与者示例

主要步骤	参与者
决策建造	开发商，养老基金，大型公司
选址	开发商，政府规划部门，监管机构，银行，产权公司，评估师，环境团体，土壤工程师，律师
控制安排与建筑特征	分区机构，公共事业公司，社区组织，律师，环境和其他监管机构
资金	银行，储蓄和贷款组织，代管公司，大型私人投资者，评估师，社区发展公司，会计师事务所
设计	机构客户，建筑公司，大型材料供应商，土木工程公司，景观设计师，咨询师
材料	材料供应商和制造商，生产商的和制造商的企业联盟，行业协会，银行，制造工厂，测试实验室，运输者，运输者工会
施工	承包公司，建设管理公司，建筑行会，安全监管机构，银行，制造商和分销商
施工管理	建筑法规监管机构，工作场所安全监管机构，测试实验室，保险公司

来源：据文献 [42]，P42 绘制。

10.4　更多的话题

除了以上提到的三个话题之外，还有更多的话题也是值得讨论的。限于笔者知识范围，此处仅作简要论述。

在本书的第 07 章中，提到了讨论建筑与个体认知和社会文化之关系的两种思维路径：一种是将建筑作为个体认知或社会文化的"反映"，作为它们的物质载体来解读；另一种思维路径则是关注建筑的"能动性"，关注它在社会文化的建构过程中所发挥的积极作用。而这种能动性的讨论，除了本书此前提到过的"惯习"理论、空间关系学研究，在环境行为研究领域得到了长足的发展。在克里斯托弗·亚历山大（Christopher Alexander）的模式语言及其衍生的研究中，在比尔·希列尔（Bill Hillier）开拓的方兴未艾的空间句法研究中，都可以看到相关的讨论。此外，在现当代建筑发展的历史中，许多建筑理论家的论述、建筑师的创作都带有人类学的色彩。除了本书论及过的结构主义、现象学之外，还有 20 世纪 60 年代意大利的建筑类型学学派关于类型和集体记忆的论述，其代表人物阿尔多·罗西的建筑创作，以及卡洛·斯卡帕、彼得·卒姆托等建筑师的建筑创作等。对于他们与文化人类学之间的微妙联系进行更加深入的探究，也是很有意义的。再者，中国传统园林是我国古代建筑中非常特殊的一个领域，不同于由匠人营造的建筑物，园林往往由文人所建，其最重要的目的往往不是物质空间的建设本身，而是通过物质空间"借物言志"，体现了一个群体的哲学思想、生活方式、价值观念，是文化史中非常重要的组成部分（图 10-10）。又如，当代城市研究中，对于非正式社区、移民群体、摊贩集市等"边缘"现象的研究，也和都市人类学的研究有着很高的重合度。

总之，关于建筑学与文化人类学这两个学科的结合，还有着非常多的可能性，希望本书的抛砖引玉，可以带来更多对于这些可能性的思考与讨论。

图 10-10 中国传统园林：苏州艺圃

参考文献

[1] 夏建中. 文化人类学理论学派——文化研究的历史 [M]. 北京：中国人民大学出版社，1997：53-67.

[2] FRED KNIFFEN. Folk Housing：Key to Diffusion[J]. Annals of the Association of American Geographers：1965，55（4）：549-577.

[3] 刘敦桢. 中国住宅概说 [M]. 天津：百花文艺出版社，2004：前言.

[4] 中华人民共和国住房和城乡建设部. 中国传统民居类型全集 [M]. 北京：中国建筑工业出版社，2014.

[5] 王文卿，周立军. 中国传统民居构筑形态的自然区划 [J]. 建筑学报，1992（04）：12-16.

[6] 王文卿，陈烨. 中国传统民居的人文背景区划 [J]. 建筑学报，1994（08）：42-47.

[7] 朱光亚. 中国古代建筑区划与谱系研究 [C] // 陆元鼎，潘安. 中国传统民居营造与技术 [M]. 广州：华南理工大学出版社，2002：5-9.

[8] 李浈，雷冬霞，刘成. 关于泛江南地域乡土建筑营造的技术类型与区划探讨 [J]. 南方建筑，2015（01）：36-42.

[9] 余英. 中国东南系建筑区系类型研究 [M]. 北京：中国建筑工业出版社，2001.

[10] 戴志坚. 地域文化与福建传统民居分类法 [J]. 新建筑，2000（02）：21-24.

[11] 张玉瑜. 浙江省传统建筑木构架研究 [J]. 建筑学报，2009（03）：20-23.

[12] 石宏超. 江南传统民居建筑区划初探 [J]. 建筑与文化，2011（6）：48-49.

[13] 常青. 风土观与建筑本土化 风土建筑谱系研究纲要 [J]. 时代建筑，2013（03）：10-15.

[14] 常青. 序言：探索我国风土建筑的地域谱系及保护与再生之路 [J]. 南方建筑，2014（05）：4-6.

[15] 常青. 我国风土建筑的谱系构成及传承前景概观——基于体系化的标本保存与整体再生目标 [J]. 建筑学报，2016（10）：1-9.

[16] 罗德胤. 中国传统村落谱系建立刍议 [J]. 世界建筑，2014（06）：104-107.

[17] 孟祥武，王军，叶明晖，等. 多元文化交错区传统民居建筑研究思辨 [J]. 建筑学报，2006（02）：70-73.

[18] 巨凯夫. 风土特征图谱建立方法研究——以浙江风土建筑为例 [J]. 南方建筑，2014（05）：64-69.

[19] 伍沙. 湘语方言区风土建筑谱系构成研究初探——基于平面形制的建筑类型及分布区域分析 [J]. 建筑遗产，2018（03）：31-38.

[20] 周易知. 闽系核心区风土建筑的谱系构成及其分布、演变规律 [J]. 建筑遗产，2019（01）：1-11.

[21] JOHN KOUWENHOVEN. The Arts in Modern American Civilization[M]. New York：Norton，1967：13-14.

[22] DELL UPTON. The VAF at 25：What Now? [J]. Perspectives in Vernacular Architecture，2007，13（2）：7-13.

[23] D MEDINA LASANSKY，ARCHI.Pop：Mediating Architecture in Popular Culture[M]. London：Bloomsbury Publishing，2014：3.

[24] ROBERT VENTURI，DENISE SCOTT BROWN，STEVEN IZENOUR. Learning From Las Vegas：The Forgotten Symbolism of Architectural Form[M]. Cambridge：The MIT Press，1988：101-103.

[25] STEVEN HARRIS，DEBORAH BERKE. Architecture of the Everyday[M]. New York：Princeton Architectural Press，1997.

[26] THOMAS SCHLERETH. Reviewed Work：White Towers[J]. Winterthur Portfolio，1981，16（1）：123.

[27] DELL UPTON. The Power of Things：Recent Studies in American Vernacular Architecture[J]. American Quarterly，1983，35（3）：276.

[28] HENRI LEFEBVRE. Critique of Everyday Life，volume I[M]. London：Verso，2008：49.

[29] HENRI LEFEBVRE. The Production of Space[M]. MA：Blackwell，1991：26.

[30] MICHEL DE CERTEAU. The Practice of Everyday Life[M]. Berkeley：University of California Press，1984：117.

[31] RAHUL MEHROTRA. Everyday Urbanism：Margaret Crawford vs. Michael Speaks[M]. Ann Arbor：The University of Michigan，2005：8-9.

[32] DELL UPTON. Architecture in Everyday Life[J]. New Literary History，2002，33（4）：711.

[33] 马塞尔·莫斯，等.论技术、技艺与文明 [M].蒙养山人，译.北京：世界图书出版公司，2010：101，165.

[34] 梁思成.营造法式注释 [M].北京：中国建筑工业出版社，1983：8.

[35] 杨立峰.匠作·匠场·手风——滇南"一颗印"民居大木匠作调查研究 [D].上海：同济大学，2005.

[36] 沈黎.香山帮匠作系统研究 [M].上海：同济大学出版社，2011.

[37] 潘曦.纳西族乡土建造范式 [M].北京：清华大学出版社，2015.

[38] 李浈.南方乡土营造技艺整体性研究中的几个关键问题 [J].南方建筑，2018（6）：51-55.

[39] ARNOLD VAN GENNEP. The Rites of Passage[M]. Chicago：University of Chicago Press，1961.

[40] VICTOR TURNER. The Ritual Process：Structure and Anti-Structure[M]. Chicago：Aldine Pub. Co. 1966.

[41] AMOS RAPOPORT. House form and culture[M]. London：Prentice-Hall,Inc. Englewood Cliffs,N.J. 1969：1-17.

[42] HOWARD DAVIS. The Culture of Building [M]. New York：Oxford University Press，1999.

[43] 卢健松.自发性建造视野下建筑的地域性 [D].北京：清华大学，2009.

[44] 侯正华.城市特色危机与城市建筑风貌的自组织机制——一个基于市场化建设体制的研究 [D].北京：清华大学，2003.

[45] 段威.萧山"自造"：浙江萧山南沙地区当代乡土住宅的自发性建造的研究 [M].北京：清华大学出版社，2015.

图片来源

图 1-1，来源：潘曦摄。

图 1-2，来源：Cesare Cesariano，绘制于 1521 年。

图 1-3，来源：MARCUS VITRUVIUS POLLIO. Vitruvius Teutsch[M]. Translated by Walter Hermann Ryff. Nürnberg：Johan Petreius，1548：61-62。

图 1-4，来源：Filarete，绘制于 1461—1464 年。

图 1-5，来源：MARC-ANTOINE. Essai Sur L'Architecture[M]. A Paris：Chez Duchesne，1755，frontispiece。

图 1-6，来源：GOTTFRIED SEMPER DER STIL[M]. München：F. Bruckmann，1878：vol2，263。

图 1-7，来源：GOTTFRIED SEMPER DER STIL[M]. München：F. Bruckmann，1878：vol1，175-177。

图 1-8，来源：Royal Commissioners. London：Read & Co. Engravers & Printers，1851。

图 1-9，来源：J. McNeven，绘制于 1851 年。

图 2-1，来源：BERNARD RUDOFSKY. Architecture Without Architects：A Short Introduction to Non-pedigreed Architecture[M]. New York：Doubleday，1964：title page。

图 2-2，来源：LEWIS HENRY MORGAN. Houses and House-life of the American Aborigines [M]. Chicago：University of Chicago Press，1965：125,126。

图 2-3，来源：潘曦、肖霄改绘自 PITT RIVERS. On the Evolution of Culture[J]. Proceedings of the Royal Institute of Great Britain，1876(7)：496-520。

图 2-4，来源：林徐巍改绘自 VICTOR BUCHLI. An anthropology of Architecture [M]. London：Bloomsbury，2013：31。

图 2-5，来源：李允鉌 . 华夏意匠 [M]. 天津 ：天津大学出版社，2005：12。

图 2-6，来源：肖霄改绘自 KONRAD KOERNER. Linguistics and Evolutionary Theory：Three Essays. Amsterdam：John Benjamins Publishing Company,1983：72。

图 2-7，来源：肖霄改绘自 HENRY GLASSIE. Folk Housing in Middle Virginia：

A Structural analysis of Historic Artifacts [M]. Knoxville：University of Tennessee Press，1975：47。

图 2-8，来源：肖霄改绘自 SUSAN KENT. Domestic Architecture and the Use of Space：An Interdisciplinary Cross-Cultural Study [M]. Cambridge：Cambridge University Press，1993：142，143。

图 3-1，来源：潘曦摄。

图 3-2，来源：UNESCO. Convention on the Protection and Promotion of the Diversity of Cultural Expressions [EB/OL]. (2005-10-22) [2020-05-04]. https://en.unesco.org/creativity/sites/creativity/files/passeport-convention2005-web2.pdf。

图 3-3，来源：UNESCO. Representative List of The Intangible Cultural Heritage of Humanity：2010-2011. [EB/OL]. (2012) [2020-06-12]. https://ich.unesco.org/doc/src/17331-EN.pdf。

图 3-4，来源：林徐巍据 Bruno Morandi 摄影绘制。

图 3-5，来源：潘曦摄。

图 3-6，来源：肖霄改绘自 AHMAD SANUSI HASSAN，AYMEN EMALGALFTA，KU AZHAR KU HASSAN. Development of Successful Resort Design with Vernacular Style in Langkawi，Malaysia[J]. Asian Culture and History，2010(1)：85-96。

图 3-7，来源：林徐巍据 Volkman Zieglen 摄影绘制。

图 3-8，来源：肖霄改绘自 Configuração da Maloca Ye'kuana[M]. Desenho：Nelly Arvello-Jimenez，1992。

图 3-9，来源：林徐巍绘。

图 3-10，来源：林徐巍绘。

图 4-1，来源：Billy Hancock(uncredited)，摄于 1917—1918 年。

图 4-2，来源：A R RADCLIFFE-BROWN. The Andaman Islanders：A Study in Social Anth-ropology[M]. Glencoe，IL：Free Press，1948：title page。

图 4-3，来源：BRONISŁAW MALINOWSKI. Argonauts of the Western Pacific：An Account of Native Enterprise and Adventure in the Archipelagoes of Melanesian New Guinea[M]. Routledge and Kegan Paul，1922：21。

图 4-4，来源：BRONISŁAW MALINOWSKI. Argonauts of the Western Pacific：An Account of Native Enterprise and Adventure in the Archipelagoes of Melanesian

New Guinea[M]. Routledge and Kegan Paul，1922：title page。

图 4-5，来源：ROBERT REDFIELD. The Folk Culture of Yucatan[M]. Chicago：University of Chicago Press，1941：198-203。

图 4-6，来源：潘曦摄。

图 4-7，来源：肖霄改绘自林耀华 . 义序的宗族研究 [M]. 北京：生活·读书·新知三联书店，2000：80。

图 4-8，来源：肖霄改绘自费孝通，张之毅 . 云南三村 [M]. 天津：天津人民出版社，1990：16，39，43。

图 4-9，来源：李秋香，陈志华 . 新叶村 [M]. 北京：清华大学出版社，2011：33。

图 4-10，来源：肖霄改绘自李秋香，陈志华 . 新叶村 [M]. 北京：清华大学出版社，2011：52，68。

图 4-11，来源：李秋香摄，引自李秋香，陈志华 . 新叶村 [M]. 北京：清华大学出版社，2011：75。

图 4-12，来源：李秋香，陈志华 . 新叶村 [M]. 北京：清华大学出版社，2011：79。

图 5-1，来源：索靖轩改绘自 PIERRE BOURDIEU. Algeria 1960：Essays by Pierre Bourdieu [M]. Cambridge：Cambridge University Press，1979：134。

图 5-2，来源：La France aux colonies，1896，British Library。

图 5-3，来源：肖霄改绘自 HENRY GLASSIE. Folk Housing in Middle Virginia：A Structural analysis of Historic Artifacts [M]. Knoxville：University of Tennessee Press，1975：160。

图 5-4，来源：Robert Adam，绘制于 1764 年。

图 5-5，来源：Ernest Hebrard，绘制于 1912 年。

图 5-6，来源：JACQUES ZEILLER，ERNEST HÉBRARD. Spalato：le palais de Dioclétien[M]. Paris:Libr. Gener. de l'Architecture et des Arts Decoratifs，1912。

图 5-7，来源：JACQUES ZEILLER，ERNEST HÉBRARD. Spalato：le palais de Dioclétien[M]. Paris:Libr. Gener. de l'Architecture et des Arts Decoratifs，1912。

图 5-8，来源：林徐巍改绘自（荷）赫曼·赫兹伯格 . 建筑学教程 2：空间与建筑师 [M.] 刘大馨，古红缨，译 . 天津：天津大学出版社，2003：182。

图 5-9，来源：肖霄改绘自（荷）赫曼·赫兹伯格 . 建筑学教程 2：空间与建筑师 [M.] 刘大馨，古红缨，译 . 天津：天津大学出版社，2003：182。

图 5-10，来源：（荷）赫曼·赫兹伯格 . 建筑学教程 1：设计原理 [M]. 仲德崑，译 .

天津：天津大学出版社，2003：135。

图 5-11，来源：肖霄改绘自（荷）林·凡·杜因，等 . 从贝尔拉赫到库哈斯：荷兰建筑百年 [M]. 吕品晶，等译 . 北京：中国建筑工业出版社，2009：251。

图 5-12，来源：肖霄改绘自（荷）林·凡·杜因，等 . 从贝尔拉赫到库哈斯：荷兰建筑百年 [M]. 吕品晶，等译 . 北京：中国建筑工业出版社，2009：253。

图 5-13，来源：林徐巍改绘自（荷）林·凡·杜因，等 . 从贝尔拉赫到库哈斯：荷兰建筑百年 [M]. 吕品晶，等译 . 北京：中国建筑工业出版社，2009：248，249。

图 6-1，来源：维特鲁威 . 建筑十书 [M]. 陈平，译 . 北京：北京大学出版社，2012：279。

图 6-2，来源：鲁道夫·维特科尔 . 人文时代的建筑原理 [M]. 刘东洋，译 . 北京：中国建筑工业出版社，2013：24。

图 6-3，来源：Leonardo da Vinci，绘制于 1492 年。

图 6-4，来源：林徐巍改绘。

图 6-5，来源：Massacio，绘制于 1425 年。

图 6-6，来源：Massacio，绘制于 1425—1428 年。

图 6-7，来源：BROOK TAYLOR. New Principles of Linear Perspective[M]. London：John Ward，1749：title page。

图 6-8a，来源：匿名，绘制于 18 世纪早期。

图 6-8b，来源：Nicolas-Henri Jacob，绘制于 1839 年。

图 6-9，来源：潘曦摄。

图 6-10，来源：潘曦、林徐巍改绘自 EDWARD T HALL. The Hidden Dimension [M]. New York：Anchor Books，1982：113-130。

图 6-11，来源：潘曦摄。

图 6-12，来源：潘曦摄。

图 6-13，来源：Francesco di Giorgio Martini ，绘制于 1476 年。

图 6-14，来源：肖霄改绘自 SUZANNE PRESTON BLIER. The Anatomy of Architecture：Ontology and Metaphor in Batammaliba Architectural Expression[M]. Chicago：University of Chicago Press ，1995：16，17。

图 6-15，来源：林徐巍改绘自 SUZANNE PRESTON BLIER. The Anatomy of Architecture：Ontology and Metaphsor in Batammaliba Architectural Expression[M]. Chicago：University of Chicago Press ，1995：122。

图 6-16，来源：林徐巍改绘自 SUZANNE PRESTON BLIER. The Anatomy of Architecture：Ontology and Metaphor in Batammaliba Architectural Expression[M]. Chicago：University of Chicago Press，1995：56。

图 7-1，来源：潘曦改绘自 ADAM KUPER. The "House" and Zulu Political Structure in the Nineteenth Century[J]. Journal of African History，1993，34(3)：469-487。

图 7-2，来源：林徐巍据 Pierre Bourdieu 摄影绘制，Pierre Bourdieu：In Algeria. Testimonies of Uprooting。

图 7-3，来源：肖霄改绘自 CHRISTINE HELLIWELL. Good Walls Make Bad Neighbours：The Dayak Longhouse as a Community of Voices[G]// James J. Fox (ed). Inside Austronesian Houses：Perspectives on Domestic Design for Living. Canberra：ANU Press，2006：46。

图 7-4，来源：肖霄改绘自 CHRISTINE HELLIWELL Good Walls Make Bad Neighbours：The Dayak Longhouse as a Community of Voices[G]// James J. Fox (ed). Inside Austronesian Houses：Perspectives on Domestic Design for Living. Canberra：ANU Press，2006：49。

图 7-5，来源：CARSTEN，HUGH-JONES. About the House：Lévi-Strauss and Beyond[M]. Cambridge：Cambridge University Press，1995：cover。

图 7-6，来源：肖霄改绘自 KEITH JORDAN. Stone Trees Transplanted? Central Mexican Stelae of the Epiclassic and Early Postclassic and the Question of Maya 'Influence' [M]. Oxford：Archaeopress，2014：14。

图 7-7，来源：潘曦摄。

图 7-8，来源：William Orpe，绘制于 1830 年。

图 7-9，来源：RANDALL H MCGUIRE，ROBERT PAYNTER. The Archaeology of Inequality. 1991：112。

图 7-10，来源：RANDALL H MCGUIRE，ROBERT PAYNTER. The Archaeology of Inequality. 1991：112。

图 7-11a，来源：ANONYME. Histoire Illustrée De Six Ans De Guerre & De Révolution：1870-76[M]. Paris：Librairie Illustrée，1877：476。

图 7-11b，来源：匿名，绘制于 1830 年，National Library of France。

图 7-12，来源：潘曦摄。

图 7-13，来源：MERZHANOV B M，SOROKIN K F. It Should Be Novoselam[M].

Moscow：Ekonomika，1966：19。

图 7-14，来源：INGE DANIEL. The Japanese House：Material Culture and the Modern Home. Oxford York：Berg，2010：163。

图 8-1，来源：肖霄、潘曦摄。

图 8-2，来源：肖霄改绘自北京市规划委员会，北京市城市规划设计研究院，北京建筑工程学院. 北京旧城胡同实录 [M]. 北京：中国建筑工业出版社，2008：2。

图 8-3，来源：王南. 古都北京 [M]. 北京：清华大学出版社，2012：52。

图 8-4，来源：王南. 古都北京 [M]. 北京：清华大学出版社，2012：53。

图 8-5，来源：肖霄改绘自贺业钜. 中国古代城市规划史 [M]. 北京：中国建筑工业出版社，1996：644。

图 8-6，来源：王贵祥. 北京天坛 [M]. 北京：清华大学出版社，2009：4。

图 8-7，来源：汤用彬，陈声聪，彭一自. 旧都文物略 [M]. 北京：北京古籍出版社，1999：37。

图 8-8，来源：肖霄改绘自（英）J. W. 罗伯兹. 苏格拉底之城：古典时代的雅典 [M]. 陈恒，任荣，李月，译. 上海：格致出版社，上海人民出版社，2014：13。

图 8-9，来源：肖霄改绘自（英）J. W. 罗伯兹. 苏格拉底之城：古典时代的雅典 [M]. 陈恒，任荣，李月，译. 上海：格致出版社，上海人民出版社，2014：15。

图 8-10，来源：潘曦、肖霄仿照 Ru Dien-Jen 作品绘制。

图 8-11，来源：John Brown ed. The Works of Jeremy Betham，vol 4[M]. Edingurgh：William Tait，1843：172-173 隔页。

图 8-12，来源：Nicolas Philippe Harou-Romain，绘制于 1840 年。

图 8-13，来源：Adam Perelle，绘制于 1664 年。

图 8-14，来源：匿名，绘制于 1877 年，Roger-Viollet。

图 8-15，来源：肖霄改绘自 Google earth 卫星图。

图 8-16，来源：Jack Downey，摄于 1944 年，United States Library of Congress。

图 8-17，来源：Google earth 卫星图。

图 8-18，来源：（英）霍尔（Peter Hall）. 明日之城 [M]. 童明，译. 上海：同济大学出版社，2017：193。

图 8-19，来源：Jules Guerin，绘制于 1909 年。

图 8-20，来源：肖霄改绘自（英）霍尔（Peter Hall）. 明日之城 [M]. 童明，译. 上海：同济大学出版社，2009：209。

图 8-21，来源：潘曦摄。

图 8-22，来源：（英）霍尔（Peter Hall）. 明日之城 [M]. 童明，译 . 上海：同济大学出版社，2017：214。

图 8-23，来源：周文翰 . 墨索里尼的建筑师 罗马 EUR 及其振兴计划 [J]. 安家，2007（12）：220-227。

图 8-24，来源：（英）Iain B. Whyte. 映在大理石上的德国故事（节译）——评德国建筑师施佩尔和他的建筑 [J]. 方元，译 . 建筑学报，1999（4）：9-13。

图 9-1，来源：潘曦摄。

图 9-2，来源：潘曦摄 . 肖霄修图。

图 9-3，来源：Giovanni Battista Piranesi，绘制于 1761 年。

图 9-4，来源：潘曦摄 . 肖霄修图。

图 9-5，来源：Henry William Brewer，绘制于 1891 年。

图 9-6，来源：Michelangelo Buonarroti 绘制，Stefan du Pérac 雕版，发表于 1569 年。

图 9-7，来源：Trustees of the British Museum。

图 9-8，来源：Viollet-le-Duc，绘制于 1843 年。

图 9-9，来源：Viollet-le-Duc，绘制于 1843 年。

图 9-10，来源：钟乐摄。

图 9-11，来源：Giovanni Battista Piranesi，绘制于 1757 年。

图 9-12，来源：林徐巍绘。

图 9-13，来源：纪录片《唐招提寺　金堂平成大改修のあゆみ》。

图 9-14，来源：纪录片《唐招提寺　金堂平成大改修のあゆみ》。

图 9-15，来源：Jacques Paul Babin 绘制，1672—1676 年由 Jacob Spon 出版。

图 9-16，来源：William Pars，绘制于 1764—1766 年。

图 9-17，来源：Pierre Peytier，绘制于 1830s。

图 9-18，来源：潘曦摄。

图 9-19，来源：林徐巍绘。

图 9-20，来源：VICTOR BUCHLI. An anthropology of Architecture[M]. London：Bloomsbury，2013：110。

图 9-21，来源：Giso Löwe，摄于 1958 年。

图 9-22，来源：Netopyr，摄于 2010 年。

图 9-23，来源：潘玥摄。

图 10-1，来源：肖霄改绘自 FRED KNIFFEN. Folk Housing：Key to Diffusion[J]. Annals of the Association of American Geographers：1965，55(4)：549-577。

图 10-2，来源：伍沙 . 湘语方言区风土建筑谱系构成研究初探——基于平面形制的建筑类型及分布区域分析 [J]. 建筑遗产，2018（03）：31-38。

图 10-3，来源：李明松、肖霄绘（原图在李明松那，左边再加一个"案例范式"，只有小圆圈的）。

图 10-4，来源：潘曦改绘自（美）罗伯特·文丘里，丹尼斯·布朗，史蒂文·艾泽努尔 . 向拉斯维加斯学习 [M]. 徐怡芳，王健，译 . 北京：中国建筑工业出版社，2006：611，17，67，86，87。

图 10-5，来源：肖霄改绘自 LUKAS STANEK. Henri Lefebvre on Space[M]. Minneapolis：University of Minnesota Press，2011：98。

图 10-6，来源：潘曦摄。

图 10-7，来源：肖霄改绘自 RAHUL MEHROTRA. Everyday Urbanism：Margaret Crawford vs. Michael Speaks[M]. Ann Arbor：The University of Michigan，2005：28。

图 10-8，来源：潘曦摄。

图 10-9，来源：潘曦摄。

图 10-10，来源：潘曦摄。